Ravensburger Handbuch

AQUARELLMALEREI

Aquarell

Bewegliche Farben, naß in naß
fließen zusammen, gehen ins Gras,
das liegt schon langhin ausgebreitet,
die Himmel drüber sind geweitet,
stumm und dunkel wachsen Bäume auf,
leise, träge läuft der See jetzt aus,
das Land verliert die festen Grenzen
in Farben, die im Fließen glänzen.

Hans Georg Bulla

Guntram Funk

Ravensburger Handbuch
AQUARELLMALEREI

Urania-Ravensburger

Danksagung
Ich bedanke mich bei allen, die mich auf meinen Malreisen begleiteten und zum Gelingen dieses Buches beigetragen haben, ganz besonders bei: Sigrid Dechant, Frido Hohberger, Mark Huissel, Hans Köhler, Jesse Miller und Siegwart Rupp.

Die Deutsche Bibliothek - CIP-Einheitsaufnahme
Funk, Guntram:
Ravensburger Handbuch Aquarellmalerei /
Guntram Funk. · Berlin :
Urania-Ravensburger, 1998
ISBN 3-332-00685-1

Umschlaggestaltung: NeufferDesign
Titelbild: Andreas Lobe
Lektorat: Hille & Schäfer
Satz: NeufferDesign
Druck: Jütte Druck GmbH Leipzig
Printed in Germany
Gedruckt auf alterungsbeständigem Papier mit chlorfrei gebleichtem Zellstoff

02 01 99 98 4 3 2 1
ISBN 3-332-00685-1

Inhalt

Einführung

Das Aquarell – Entwicklung und Möglichkeiten

Utensilien und Pinselübungen

Farbenlehre

Aquarelltechniken

Themen

Anhang

Zum Aquarell

Die dreijährige Yvonne probierte meine Aquarellfarben aus und hat diese farbenfrohen Klecksgebilde gemalt.

Die geheimnisvolle Leuchtkraft des Aquarells läßt sich mit der doppelten Wirkung des Lichts erklären. Wie bei anderen Farben dringen die Lichtstrahlen zunächst in die oberen Schichten ein und entzünden einen bestimmten Farbton. Beim Aquarell durchleuchten sie zusätzlich die hauchdünnen Farbschichten, weil sie vom weißen Papiergrund reflektiert werden.

Die Leichtigkeit des Aquarells läßt sich mit der Wirkkraft des Wassers erklären, das der Farbe Leben einhaucht: auflösen, fließen und trocknen. Selbst mit strengster Pinselführung kann der Eigenwille des Wassers nicht ganz gebrochen werden; er bewirkt die glücklichen Zufälle. Farben laufen ineinander, blühen aus, spritzen oder perlen. Wasser, Farbe, Pinsel und Papier genügen: Das Aquarell ist die Kammermusik unter den klassischen Maltechniken.

Die Schwierigkeit des Aquarells liegt in seiner Transparenz. Weil der Arbeitsprozeß wie auf einem Röntgenschirm von Anfang an sichtbar bleibt, können „Unglücksfälle" nicht übertüncht werden. Die Aquarelltechnik erfordert deshalb neben dem spielerischen Umgang mit Farben Vorausplanung und Kalkül. Sie kann mit dem Flötenspiel verglichen werden: Schnell sind einfache Stücke erlernt, virtuoses Spiel erfordert jahrelanges Üben.

Die Popularität des Aquarells ist sehr groß, und viele begabte Amateure treten in Ausstellungen an die Öffentlichkeit; der Übergang zur professionellen Kunstszene ist fließend. Weniger bekannt ist, daß nahezu alle Bildenden Künstler unabhängig von ihrem Arbeitsschwerpunkt auch aquarellieren.

Zu diesem Buch

Allgäu *(Ausschnitt)*
Aus Pinselabdrücken entstehen Tannenwälder.

Dieses Buch ist einem Wasserfarbenkasten zu verdanken, den ich in den Schulferien im Allgäu dabei hatte; ich war zum ersten Mal von einer pittoresken Berglandschaft überwältigt und begann sie zu malen. Dabei entdeckte ich, daß grüne Pinselabdrücke genauso aussahen wie die Tannen in der Ferne. Ganze Wälder ließen sich mit dieser Technik mühelos in eine Pinselsprache übersetzen. Damals – im Alter von neun Jahren – war ich überzeugt, eine große Erfindung gemacht zu haben, bewahrte voll Stolz meine ersten Landschaftsaquarelle auf und nahm mir vor, in Zukunft noch viele Bilder mit solchen „Entdeckungen" zu malen.

Mit diesem Buch möchte ich meine „Entdeckungen" weitergeben. Sie werden durch Sachinformationen zu Material, Farbenlehre und Gestaltungslehre ergänzt. Alle Übungsschritte sind in Seminaren oder Ferienkursen erprobt und zum Teil mit Beispielen von Kursteilnehmern illustriert.
Im Kapitel „Themen" werden neben Schritt-für-Schritt-Darstellungen Bildsequenzen einzelner Motive gezeigt.

In diesem Buch finden Sie nicht nur Anleitungen oder Rezepte, sondern auch viele Bildbeispiele, die Spaß am Aquarellieren wecken möchten. Meine Empfehlung: versuchen Sie so spielerisch zu beginnen wie die dreijährige Yvonne. Sie hat sich meine Farben und Pinsel „ausgeliehen" und ohne nachzulesen angefangen.

Gebirgslandschaft,
Alexander Cozens, 22,9 x 30,3 cm
Der englische Aquarellist Alexander Cozens (1717–1786) entdeckte den ästhetischen Reiz von Pinselabdrücken und zufälligen Klecksen (engl. blots). Er setzte die „Blot-Methode" ein, um phantasievolle Landschaften zu gestalten.

Das Aquarell – Entwicklung und Möglichkeiten

Reise nach Venedig

Die Entwicklung des Aquarells hängt eng mit der Entdeckung der Natur und der Geschichte der Landschaftsmalerei zusammen. Albrecht Dürer macht sich vor fünfhundert Jahren selbst auf den Weg. Er vertraut nicht mehr den überlieferten Vorstellungen, sondern will aus eigener Anschauung heraus malen. Die aufwendige Technik der traditionellen Tempera- und Ölmalerei ist dazu nicht geeignet. Deshalb benutzt er Zeichenfeder und „Färblein" – so nennt er seine handlichen Wasserfarben, um ohne große Umstände direkt vor Ort malen zu können. Venedig, die Stadt der Wasserfarben, war und ist für viele Künstler ein solcher „Ort". In einem Querschnitt sollen hier unterschiedliche Aquarellinterpretationen dieses „Ortes" anstelle eines kunsthistorischen Überblicks vorgestellt werden.

Albrecht Dürer als Pionier

„Dann warhafftig steckt die kunst in der natur, wer sie herauß kann reyssen (zeichnen), der hat sie."
Albrecht Dürer

Albrecht Dürer, der bedeutendste deutsche Künstler an der Schwelle zur Neuzeit, reist im Jahre 1494 von Nürnberg in die damalige Kunstmetropole Venedig, um sich dort Anregungen durch die italienische Renaissance zu holen. Unterwegs skizziert er Städte und Landschaften, die er durchwandert. Er verwendet Zeichenfeder und Wasserfarben, die unseren heutigen Aquarellfarben durchaus vergleichbar sind. Zum ersten Mal entstehen eigenständige Landschaftsporträts, die einen Wendepunkt in der Kunstgeschichte bezeichnen. Dürer aquarelliert „privat", ohne Auftraggeber – für die damalige Zeit ungewöhnlich. Lange wird dieser zahlenmäßig kleine Teil seines Gesamtwerks kaum beachtet und erfährt erst in unserem Jahrhundert eine große Wertschätzung.

Neben vielen kolorierten Federzeichnungen entstehen Aquarelle alla prima: Dürer setzt die Landschaft direkt in Farbe um. „Wehlsch pirg" besitzt eine modern wirkende Spannung zwischen detailliert ausgearbeitetem Mittelgrund und großzügiger nahezu abstrakter Pinselzeichnung im Vordergrund. Auf den zeitgenössischen Betrachter mag sie „unfertig" gewirkt haben; es ist aber anzunehmen, daß Dürer die Wirkung der differenzierten Pinselspuren genau kalkuliert hat.

***Wehlsch pirg**, (Landschaft bei Segonzano im Cembra-Tal), Albrecht Dürer, 1494, 21 x 31 cm*

Turner überwindet die Vedute

In der Zeit nach Dürer dienen Aquarelle vorwiegend als Skizzen zu Ölgemälden. Erst im Spätbarock und in der Romantik (im 18. und 19. Jh.), nachdem das Interesse an der Natur von neuem erwacht war, entstehen vor allem in England selbständige Landschaftsaquarelle. Wohlhabende Bürger kaufen sich zur Erinnerung an ihre Bildungsreisen Veduten – kolorierte Zeichnungen oder Aquarelle mit wirklichkeitsgetreuen Ansichten von Städten und Landschaften (wir begnügen uns heute mit Ansichtskarten und Erinnerungsfotos).
Das große Interesse, das die Aquarellmalerei unter englischen Künstlern findet, führt 1804 zur Gründung der ersten Gesellschaft für Aquarellmalerei (British Society of Painters in Watercolour), die auf die Einhaltung strenger Regeln beim Aquarellieren achtet, wie z. B. das Verwenden transparenter Farben und das Vermeiden von Deckfarben.

Turner aquarelliert hier nicht mehr die vom Publikum erwartete Stadtansicht. Er löst die Topographie Venedigs in einen Lichtraum auf. Santa Maria della Salute im Hintergrund ist nur noch als graublauer Fleck und San Marco als ausgesparte Fläche angedeutet. Im Vordergrund verdichtet sich das geschäftige Treiben im Hafen zu kurzen trockenen Pinselhieben. Der Farbakkord Grün-Blau-Gelb-Orange läßt den Betrachter den Kontrast von der Kühle des Wassers und der Hitze der Stadt empfinden.

***Riva degli Schiavoni**, William Turner, 1840, 24,3 x 30,6 cm*

Kurt Moldovan: Wirbel, Tropfen, Schleier, Rinnsale

Bemerkungen über das Vergnügen an der Wasserfarbenmalerei von Kurt Moldovan, einem Wegbereiter der österreichischen Aquarellmalerei: „Strömungen, Wirbel, Tropfen, Schleier, Tümpel, Rinnsale, Flachseen – die „action“ des farbigen Wassers wird nach dem Antrocknen auf dem Papierbogen zu einem sinnlich wahrnehmbaren Bildgegenstand. Zum Beispiel: Venedig. Transparent wie Einzeller schnellen Lampen vorbei. Ein Anlegesteg versickert im Algengrün. Die Salutekuppeln tauchen auf wie Medusen, und Palazzi sind halbtrocken an Land gegangen. Als Wasserfarbenmaler bin ich neugierig, was mit der in Fluß gesetzten Farbe alles passieren kann, fordere Zufälle heraus und nütze sie augenblicklich für die Gestaltung meines Bildes.

Wie ein Jongleur muß ich ununterbrochen meine Bälle unter Kontrolle halten, denn ich hantiere mit dem feuchten Farbfleck und zugleich mit seiner angetrockneten Form, mit der pigmentgesättigten und der wässrigen Linie, mit dem Anfang und dem Ende des Bildes. Ein einziger Fehler zerstört das ganze Blatt, denn im Aquarell gibt es keine Korrektur. Das Antrocknen ungeduldig überschätzt, und die darüber gelegte Form zerfließt. Die Linie zu spät aufgesetzt, und sie fließt nicht mehr. Die falsche Farbe ausgespielt, und ich muß passen. Rien ne va plus. Nichts geht mehr!“

***Santa Maria della Salute**, Kurt Moldovan, 1975, 32 x 47,5 cm*

Vielseitigkeit zeitgenössischer Aquarellmalerei

Das Aquarell heute zeigt viele Gesichter: strenge Pinselzeichnungen, die an das „Reinheitsgebot" der englischen Aquarellmalerei im 19. Jh. erinnern, neben komplizierten Mischtechniken mit Zufallseffekten; starke Reduzierung auf wesentliche Farben und Formen neben stärkerer Orientierung am Motiv oder an seiner traumhaften Überhöhung.

Rudolf Hradil ist wie die meisten Aquarellisten ein leidenschaftlicher Reisender, der unterwegs Motive für seine Aquarelle findet. Aber nicht das Spektakuläre einer Landschaft oder einer Stadtansicht ist sein Anliegen, sondern die kompositorische Balance aus Linien und Flächen.
Obwohl hier Farbspritzer von einem zügigen und spontanen Pinselduktus zeugen, ist die Komposition genau durchdacht. Hradil arbeitet mit dem Wechsel von abstrakter Bildwirkung und Raumillusion: helle ausgesparte Flächen verflechten sich mit dunklen direkt gesetzten. Eine entscheidende Rolle bei der Komposition spielt der Anlegesteg, da er von unten in den Bildraum hineinführt. Seine kompakte Farbigkeit ist durch Austupfen etwas abgemildert.

***Schlepper vor San Marco**, Rudolf Hradil, 1983, 38 x 57 cm*

Naß in naß

Das Wechselspiel von zerfließenden nassen Farbflächen mit geplanten Aussparungen und präzise gesetzten Farbakzenten bestimmt die Aquarelle von Kurt Panzenberger.
Die Thematik des in lichten Nebel gehüllten Canale Grande kommt seiner Technik entgegen. Dem Kontrast von feuchten und festen Formen entspricht der Kontrast von farbigen Graunuancen und Akzenten in Gelb, Rot und Blau.

***Nebel am Canale Grande**, Kurt Panzenberger, 1990, 38 x 56 cm*

Abstraktion

Auf dem in hellem Ocker gemalten Grundton, der die unvergleichliche Lichtatmosphäre Venedigs wiedergibt, setzt Zoran Music eine rhythmische Abfolge abstrakter Formen, die von Schiffsaufbauten abgeleitet sind. Den schimmernden Dunst der Lagune erreicht er durch den aquarellartigen Auftrag von Gouachefarben.

Nave alle Zattere, *Zoran Music, 1981, 24,9 x 31,3 cm*

Pinselduktus

Hans Köhler übersetzt das Motiv in reine Pinselsprache. Die auf trockenen Grund sicher gesetzten Pinselspuren – dünn und breit, fleckhaft und flächig, nebeneinander und übereinander – bilden mit dem übriggebliebenen Weiß des Papiergrunds eine spannungsreiche Komposition.

Der vollkommen abstrakte Ausschnitt ist im Bildzusammenhang gegenständlich deutbar.

***Chioggia**, Hans Köhler, 1988, 35 x 50 cm*

Mischtechnik
Heinz Kropf sammelt in seinem Skizzenbuch Seherlebnisse, die er wie in einem Traum in gesteigerter Farbigkeit und neuer Zusammensetzung in ein Bild verzaubert.

Vom Licht verzaubert,
Heinz Kropf, Aquarell und Gouache, 1992, 64 x 50,5 cm
Die hellen Flächen entstehen hier nicht nur wie beim klassischen Aquarell durch transparenten Farbauftrag, sondern auch durch deckende mit Weiß gemischte Gouachefarben. Die Krakelee-Strukturen sind Knitterspuren im Papier, in denen sich die Farbe sammelt.

Utensilien und Pinselübungen

Für den Anfang genügt eine kleine Auswahl von Materialien, wie sie auf den beiden folgenden Seiten kurz vorgestellt wird. Die anschließenden ausführlichen Informationen über Pinsel, Papier und Farben sollen helfen, nach und nach eine persönliche Aquarellausrüstung zusammenzustellen; je nachdem, ob Sie naß in naß oder lasierend, im Atelier oder in der Landschaft arbeiten.

Sparsame Ausrüstung für den Anfang

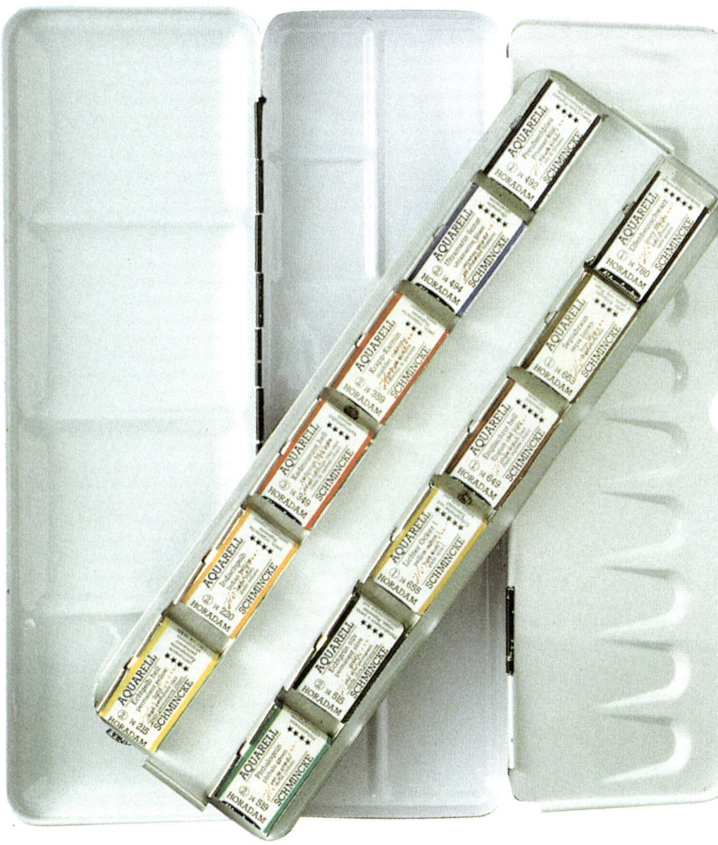

Sie sehen, daß sich unter den Farbnäpfchen eine weitere Palettenprägung zum Anrühren und Mischen der Farben verbirgt. Wenn Sie den Einsatz herausnehmen, können Sie die ausgewickelten Farbnäpfchen besser zurücksetzen. Drücken Sie die Metallhalterungen etwas nach innen, damit die Näpfchen festsitzen. Zum Nachkaufen der Näpfchen sollten Sie die Farbetiketten aufbewahren.

Farbkasten

Ein Farbkasten mit 12 großen Farbnäpfchen ist für den Anfang ideal.
Nachteil einer größeren Farbpalette: Es ist schwierig, den Überblick zu behalten; Name, Eigenschaft und Mischverhalten der einzelnen Farben lassen sich schlechter einprägen, und Sie sind eher geneigt, einzelne Farbtöne direkt aus dem Kasten zu nehmen, anstatt sie genau zu ermischen.
Nachteil einer kleineren Farbpalette: Das Mischen unterschiedlicher Farbtöne wird umständlicher. Außerdem verlieren Aquarellfarben durch mehrfaches Mischen an Leuchtkraft.
Das vorgegebene Sortiment in den handelsüblichen Farbkästen ist akzeptabel. Wenn Sie etwas Erfahrung mit den Farben und ihren Mischtönen gesammelt haben, können Sie immer noch Ihre persönliche Palette zusammenstellen, indem Sie einzelne Näpfchen austauschen.
Die typische Lasurfähigkeit der Aquarellfarben wird durch sehr feine Pigmente und hochwertiges Gummiarabikum erzielt; das hat seinen Preis. Sparen Sie deshalb auf keinen Fall beim Kauf Ihrer Farben.

Pinsel

Die besten Pinsel für die Aquarellmalerei sind ohne Zweifel Rotmarderhaarpinsel, die allerdings sehr teuer sind. Für den Anfang kann als preiswerte Alternative ein Synthetikfaserpinsel empfohlen werden. Er ist elastisch und bildet eine ausgezeichnete Spitze, nimmt allerdings weniger Wasser auf als ein Rotmarderpinsel. Brauchbarer als ein billiger Rinderhaarpinsel ist er aber allemal. Für den Anfang reicht ein größerer Pinsel, da er sowohl für große Flächen als auch mit der feinen Spitze für Details eingesetzt werden kann.

Papier

Aquarellpapier gibt es in vielen unterschiedlichen Qualitäten. Es wird sicher eine geraume Zeit dauern, bis Sie für Ihre persönliche Malweise das geeignete Papier gefunden haben. Meine Empfehlung für den Anfang: Malen Sie auf Papier mit geringer Oberflächenstruktur („matt" oder „Feinkorn")!
Beim Papier kann am Anfang durchaus gespart werden. Teures Papier baut eher Hemmschwellen auf und verhindert ein großzügiges Malen und Experimentieren. Damit Sie nicht mit dem Papier geizen müssen und ungehindert „loslegen" können, ist daher z. B. auch preiswertes Zeichenpapier zu empfehlen. Anfänger sollten am besten auf Blöken arbeiten, da dann das Aufspannen entfällt. Ich empfehle ein DIN A4 bis A3 Format. Größere Aquarelle erfordern etwas Erfahrung, um nicht gestückelt und geflickt auszusehen.
Für Kompositionsstudien brauchen Sie ein Skizzenbuch oder einen Zeichenblock und einen weichen Bleistift (4B).

Maltuch

Nehmen Sie einen Lappen aus Baumwolle oder ein Küchentuch, um den „Wasserhaushalt" Ihres Pinsels regulieren zu können. Überschüssiges Wasser nach dem Ausspülen oder überschüssige Farbe nach dem Mischen streifen Sie auf dem Lappen ab. Auch wenn versehentlich zuviel Wasser oder Farbe auf das Papier gekommen sein sollte, können Sie es mit dem Lappen vorsichtig abtupfen.

Einkaufsliste

- Farbkasten mit 12 großen Näpfchen
- Rundpinsel Nr. 14 mit Rotmarderhaaren
- Aquarellblock („matt" oder „Feinkorn", DIN A4 bis A3, 200 g/m2)
- Skizzenbuch oder Zeichenblock und Bleistift (4B)

Wassergefäße

Wasser, das „Lebenselexier" des Aquarells, kommt oft zu kurz. Durch wiederholtes Auswaschen des Pinsels wird das Wasser trübe und verfälscht die Farbtöne umso mehr, je länger Sie an Ihrem Aquarell arbeiten. Deshalb sollte das Wassergefäß nicht zu klein sein und das Wasser öfter erneuert werden. Ideal sind zwei Gefäße: eines zum Auswaschen des Pinsels, damit Sie im anderen möglichst klares Wasser zum Anlösen und Mischen der Farben behalten. Um nicht ständig das Wasser wechseln zu müssen, verwende ich z. B. einen großen Plastikeimer.

Wenn Sie auf Spezialeffekte verzichten, brauchen Sie zum Aquarellieren nur wenige Utensilien: Maltuch, zwei Wassergefäße, Skizzenbuch, Farbkasten, Rundpinsel, Bleistift, Aquarellblock.

Ergänzung der Grundausstattung

Der Vollständigkeit halber seien hier weitere Hilfsmittel aufgezählt, deren Verwendung im Kapitel „Aquarelltechniken“ genauer beschrieben wird. Einige davon sind nützliche Ergänzungen, manche der im Handel angebotenen Fläschchen enthalten aber auch „Überflüssiges“. Vergessen Sie nicht: die einzig notwendige Flüssigkeit ist Wasser! *Gummiarabikum* ist in jeder Aquarellfarbe als Bindemittel enthalten. Zusätzlich verwendet, erhöht es die Leuchtkraft. *Gereinigte Ochsengalle* im Malwasser läßt die Farben besser fließen und am Papier haften (sie wirkt ähnlich wie ein Spülmittel). Mit *Maskierflüssigkeit* können Stellen abgedeckt werden, die weiß bleiben sollen. *Glyzerin* verzögert den Trocknungsprozeß, *Alkohol* dagegen beschleunigt ihn. Ein *Naturschwamm* leistet unschätzbare Hilfe beim großflächigen Malen, beim Auftupfen einer strukturierten Farbfläche und beim Aufsaugen überschüssiger Farbe. Mit *Wattestäbchen* können kleine Flächen aufgehellt werden. Ein *Wasserzerstäuber* (Blumenspritze) ist nützlich, um bei Naß-in-Naß-Techniken das Papier feucht zu halten oder eine lebhaft strukturierte Farbfläche zu erhalten. In einem *Pinselhalter* können die Pinsel hängend trocknen (das Wasser läuft so nicht in die Zwinge). Mit einem *Haarfön* läßt sich der Trocknungsprozeß beschleunigen (Vorsicht: durch das Gebläse können auf einer Lasur störende Spuren entstehen).

Utensilien für unterwegs
Eine *Pinselmatte* dient zum Schutz der Pinsel beim Transport. Farben, die Sie in größeren Mengen mischen, können Sie in einer kleinen *Plastikflasche* mit Schraubdeckel aufbewahren. Ein *Zeichenbrett* ist unterwegs als Malunterlage hilfreich. Für den Transport sollte es nicht zu schwer sein; ein Sperrholzbrett genügt. Eine *Feldstaffelei* erleichtert das Arbeiten im Stehen. Bastler können das Zeichenbrett waagerecht auf ein Fotostativ montieren (man kann das Zeichenbrett natürlich auch auf den Boden oder auf die Knie legen). Das Papier sollte mit *Klammern* oder einem *Klebeband* befestigt werden, damit es nicht von einem Windstoß fortgeweht wird. Ein *Campinghocker* ist nützlich, da Sie nicht immer eine geeignete Sitzgelegenheit im Gelände finden. (Ich selbst nehme nur eine leichte Decke mit, weil ich beim Malen am liebsten auf dem Boden hocke.) Vergessen Sie nicht, eine *Kopfbedeckung* mitzunehmen, wenn Sie längere Zeit in der Sonne malen. Für Ihren Wasservorrat brauchen Sie schließlich noch einen *Kanister* oder einen Campingwassersack.

1 Maltuch, 2 Aquarellblock, 3 Motivsucher, 4 Wasserzerstäuber (Blumenspritze), 5 verschiedene Pinsel, 6 Wassergefäß, 7 Naßklebeband, 8 Plastikflasche, 9 Naturschwamm, 10 Pinselhalter, 11 Skizzenbuch, 12 Misch-Schälchen, 13 Aquarellkreide, 14 Farbtuben, 15 Porzellanpalette, 16 Papierklammer, 17 Farbkasten, 18 Wattestäbchen, 19 Zeichenfeder, 20 Bleistift, 21 Papiertaschentücher, 22 Cutter (Papiermesser), 23 Pinselmatte, 24 Zeichenbrett

BLOC DE 20 FEUIL
AQUARELLE ET LA
46 x 61
~ 185 g/m² (90 lb
RAIN FIN
ÉTREM
Skizze
Schmincke
Gummi arabicum
Ochsengalle
Rubbelkrepp
Venetian Red
1
2
3
4
5
6
7
8
9
10
11
12
13
14
15
16
17
18
19
20
21
22
23
24

Aquarellpapier

Die charakteristische Leuchtkraft des Aquarells kann sich nur auf rein weißem Papier voll entfalten, da das Licht durch die transparenten Farbschichten fällt und vom Weiß des Papiers reflektiert wird. Jeder Farbton des Papiers würde die Aquarellfarben verfälschen.
Das Weiß des Papiers wird auch für weiße Flächen benötigt, die beim klassischen Aquarell nicht gemalt werden, sondern ausgespart bleiben müssen.

***Der Feuervogel**, Wasserfarben und Deckweiß auf schwarzem Tonpapier (2. Schuljahr). Farben, die genügend Deckkraft besitzen, wie Schulwasserfarben oder Gouachefarben, können im Gegensatz zu Aquarellfarben auf getönten, selbst auf schwarzen Untergründen verwendet werden.*

Aquarellblock

Ein ringsum geleimter Aquarellblock ist handlich und erspart das Aufspannen. Mit Textilstreifen verstärkte Verleimungen sind besonders haltbar. Enttäuscht ist jedoch mancher Anfänger, wenn er feststellen muß, daß das Papier während des Aquarellierens Wellen schlägt. Leider läßt sich dies durch die Blockverleimung nicht ganz vermeiden. Wie bei jedem Papier gilt auch hier die Grundregel: je dünner das Papier, desto stärker wellt es sich beim Malen. Damit sich das Papier wieder glattziehen kann, sollte es zum Trocknen auf dem Block bleiben. Danach kann es mit einem Messer, oder um die Papieroberfläche nicht zu verletzen, mit einem Brieföffner oder Falzbein vom Block gelöst werden. Zu diesem Zweck ist an einer Ecke oder an einer Querseite ein Stück Verleimung offen.

Spiralblock

Für das Reisegepäck ist ein Spiralblock von Vorteil. Mit der Spirale sind die einzelnen Blätter nur an einer Seite befestigt; sie werden im Freien nicht weggeweht, können aber auf dem Block wie lose Blätter gewässert werden. Das fertige Aquarell wird einfach umgeblättert und auf dem Block gelassen; so benötigen Sie keine Sammelmappe.

Pochette

Eine Pochette ist eine kleine Mappe mit Einzelblättern. Da bei der Naß-in-Naß-Technik das Aquarellpapier sowieso vom Block gelöst werden sollte, weil es sich in der Blockleimung seitlich nicht ausdehnen kann und stark aufwölben würde, bieten einige Papierhersteller konsequenterweise Pochettes an. Ein einzelnes Blatt wird vorsichtig mit einem Naturschwamm auf beiden Seiten befeuchtet und danach zum Malen auf ein Brett oder eine Glasplatte gelegt.

Einzelbogen

Einzelbogen werden in größeren Formaten ab ca. 50 x 60 cm angeboten. Bei guter Qualität besitzen sie im Gegensatz zu den Bogen im Block die schönen Büttenränder (leicht gefranst). Für extrem große Formate kann Aquarellpapier auch auf Rollen gekauft werden. Sie werden bis zu einer Breite von 1,50 m angeboten.

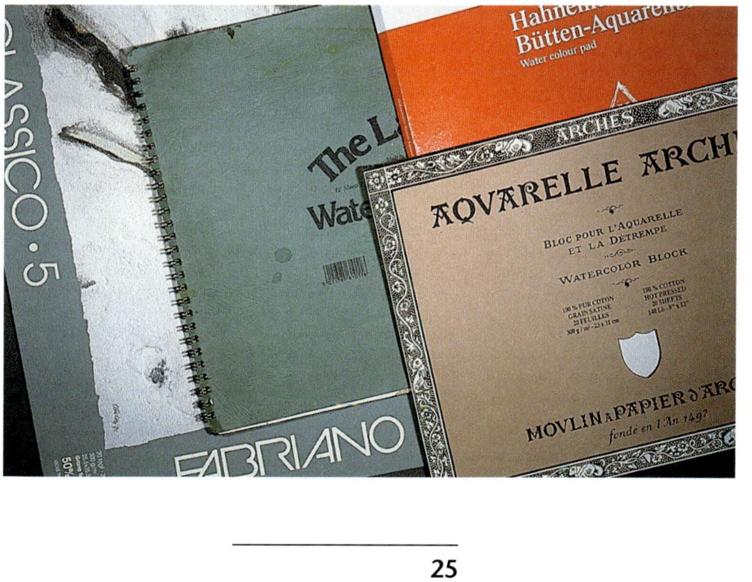

Kleine Papierkunde

Achten Sie besonders auf folgende drei Eigenschaften des Papiers, die den Charakter eines Aquarells bestimmen: Stärke (Gewicht), Saugfähigkeit und Oberflächenbeschaffenheit. Während die Papierstärke immer exakt nach Gramm pro Quadratmeter angegeben wird, sind die Angaben der Hersteller zur Saugfähigkeit und Oberflächenstruktur unzureichend und uneinheitlich. Sie werden deshalb nicht umhin kommen, verschiedene Papiersorten auszuprobieren, um herauszufinden, welche für Ihre persönliche Maltechnik geeignet ist. Die folgenden etwas ausführlicheren Informationen sind als Hilfe bei der Suche nach dem richtigen Papier gedacht.

Stärke (Gewicht)

Die manchmal lästige Wellenbildung beim Aquarellieren hängt zum größten Teil mit der Papierstärke zusammen. Dünnere Aquarellpapiere mit ca. 180 g/m^2 wellen wesentlich stärker als 300 g-Papiere. Es gibt noch schwerere Qualitäten (Aquarellkarton) bis 600 g/m^2, bei denen die Wellenbildung keine Rolle mehr spielt.

Papierbrei (Pulpe)

Von der Zusammensetzung der Pulpe hängt die Strapazierfähigkeit und Saugfähigkeit des Papiers ab.
Als Rohmaterial wird für die meisten Papiersorten Zellulose, ein chemisch produzierter Holzbrei, verwendet. Der Hinweis „holzfrei" bedeutet, daß der Zellulose das Lignin entzogen wurde, da das Papier sonst mit der Zeit vergilben würde. Der Brei kann auch Hadern aus Baumwolle enthalten, wodurch die Elastizität und Reißfestigkeit des Papiers erhöht wird. Früher wurden dazu Lumpen (gebrauchte Textilien) zerfasert. Heutzutage wird in der Regel Linters (Kurzfasern der Baumwollkapsel) verwendet. Besonders strapazierfähig ist Papier aus Leinen-Hadern, das allerdings in der Massenproduktion nicht mehr hergestellt wird. Nach einer „Zwangspause" wird auch wieder Hanf verwendet. Die traditionellen japanischen Aquarellpapiere werden aus Fasern des Papiermaulbeerbaums hergestellt. Dem Papierbrei können noch Füll- oder Farbstoffe wie Kaolin oder bei Japanpapieren Muschelmehl beigemischt werden. Um die Saugfähigkeit des Papiers zu regulieren, wird schließlich ein Bindemittel eingerührt, das „säurefrei" (pH-neutral) sein muß, da sich sonst die Farben auf dem Papier im Laufe der Jahre verändern oder zersetzen würden.

Canson „Arches", Grain torchon (franz. Scheuertuch) 300 g/m^2, 100 % Hadern

Canson „Arches", Gr fin (Feinkorn), 185 g 100 % Hadern

Herstellungsverfahren

Vom Herstellungsverfahren hängt vor allem die Oberflächenbeschaffenheit des Papiers ab.

Bei handgeschöpften Büttenpapieren – nur noch selten im Handel und teuer – wird der Papierbrei mit einem feinmaschigen Sieb, das auf einen Holzrahmen gespannt ist, aus einem großen Behälter (Bütte) geschöpft. Echte Büttenpapiere brauchen nicht zugeschnitten werden, da der Holzrahmen bereits dem Papierformat entspricht. Dadurch behalten die einzelnen Blätter ringsum einen leicht gefransten Rand, den typischen Büttenrand. Heute werden Aquarellpapiere in der Regel auf Rundsiebmaschinen gefertigt. Die Qualität dieser Papiere kommt den handgeschöpften am nächsten. Sie werden etwas mißverständlich auch als Büttenpapiere bezeichnet, weil auf Rundsiebmaschinen der Büttenrand imitiert werden kann.

In einem weiteren Arbeitsgang wird das Papier in ein Gelatinebad getaucht („Oberflächenleimung"). Gelatiniertes Papier besitzt die Eigenschaft, Wasser aufzusaugen, während die Farbpigmente auf der Oberfläche haften bleiben. Entfällt die Gelatinierung, wird die Farbe vollständig absorbiert, und die Pigmente werden im Papier fixiert, wie z. B. bei Japanpapieren.

Vom letzten Arbeitsgang, dem Pressen und Trocknen, hängt die Oberflächenstruktur des Papiers ab. Zwischen Filztüchern kaltgepreßte Papiere bekommen eine grob- bis feinkörnige Struktur. Die Vorderseite ist in der Regel etwas stärker und unregelmäßiger strukturiert als die Rückseite. Auf Metall heißgepreßte Papiere werden glatt.

Kobaltblau dunkel auf verschiedenen Papieren

…aler-Rowney, …altgepreßt, 300 …/m²

Hahnemühle, matt, 200 g/m²

Farbriano, „Artistico", Feinkorn, kaltgepreßt, 100 % Cotton, 200 g/m²

Canson „Moulin du Roy", Grain satiné (glatt), heißgepreßt, 300 g/m²

Japanpapier „Misumi", handgeschöpft, 71 g/m²

Papier aufspannen

Empfehlenswert ist es, zuerst alle vier Klebestreifen abzuschneiden und die Rolle separat zu legen, da sie durch Wasserspritzer verklebt und unbrauchbar wird.

Aufgespanntes Papier bleibt während des Aquarellierens vollkommen glatt; Wellentäler, in welchen sich die Aquarellfarbe sammelt, werden dadurch vermieden.
Sie benötigen Papierklebeband, das im Fachhandel auf Rollen angeboten wird, und ein Zeichenbrett oder eine Tischlerplatte, die etwas größer als das Papiermaß sein muß. Eine Preßspanplatte oder ein Sperrholzbrett von mindestens 5 mm Stärke ist auch brauchbar; dagegen bleibt auf einer Kunststoffbeschichtung oder auf einer Glasplatte das Papierklebeband nicht haften.
Das fertige Aquarell läßt sich problemlos an seiner Außenkante mit einem Taschenmesser herausschneiden. Wenn Sie einen Bogen mit Büttenrändern aufgespannt haben und diese erhalten wollen, können Sie in einer etwas langwierigen Prozedur die Klebestreifen wässern, bis sich die Leimschicht löst. Bedenken Sie, daß unter dem Klebeband ein weißer Rand stehen bleibt.
Fehlerquellen: Das Klebeband löst sich, wenn zuviel Wasser die Leimschicht wegspült; z. B. sickert durch Schräglage des Bretts Wasser hinter den unteren Klebestreifen. Leichtes Papier (unter 180 g/m^2) kann durch zu große Spannung beim Trocknen reißen. Deshalb sollte es nur mäßig feucht aufgespannt werden.

Kurz vor dem Aufspannen befeuchten Sie die Klebeschicht mit dem Schwamm.

Wässern Sie das Aquarellpapier auf beiden Seiten. Sie können das Papier auch vorsichtig mit einem Naturschwamm befeuchten oder ganz in Wasser eintauchen. Je nach Papierstärke und Leimung dauert es zwei bis fünf Minuten, bis das Aquarellblatt durchnäßt ist und sich infolgedessen ausgedehnt hat. Wenn bei Sonnenschein das Papier trocknet, bevor es sich ausdehnen konnte, ist es ratsam, das Blatt ein Weile unter einer Folie feucht zu halten.

Bevor Sie das Blatt festkleben, muß es durch die Feuchtigkeit seine größte Ausdehnung erreicht haben und plan auf dem Brett liegen, es darf also keine Wellen oder Blasen mehr werfen. Überschüssige Wasserpfützen tupfen Sie vorsichtig mit dem Schwamm auf. Schließlich lassen Sie es in waagerechter Lage langsam trocknen – am besten im Schatten .

Aquarellfarben

Pflege: Befeuchten Sie die Farben vor dem Malen, und wenn Sie aufhören, sollten Sie mit dem Pinsel das überschüssige Wasser aus den Vertiefungen der Näpfchen aufsaugen.

Farbkasten mit Näpfchen
Der Vorteil eines Farbkastens gegenüber einzelner Tubenfarben ist das übersichtlich angeordnete Farbensortiment. Außerdem kann der Kasten als Mischpalette verwendet werden.
Empfehlenswert sind große längliche Näpfchen, damit auch mit einem größeren Pinsel genügend Farbe entnommen werden kann. Um reine Farben zu behalten, muß zwischen den einzelnen Näpfchen ein kleiner Abstand gelassen werden. Im fabrikneuen Farbkasten sind die Farben in Stanniolpapier eingewickelt, damit sie nicht austrocknen. Auf einer Banderole ist der Farbname und der Grad der Lichtechtheit angegeben.

Damit Sie während des Malens die Farben besser identifizieren und die entsprechenden Farben problemlos nachkaufen können, ist es ratsam, die vorgegebene Anordnung im Kasten ständig beizubehalten und die Farbetiketten in derselben Reihenfolge auf ein Stück Aquarellpapier aufzukleben. Ein zusätzlicher Farbaufstrich ist nützlich, weil der Farbton auf Papier etwas anders wirkt als direkt im Näpfchen.

Pflege: Damit die Tuben nicht vorzeitig austrocknen, sollten sie nach Gebrauch sofort wieder zugeschraubt werden. Verklebte Schraubverschlüsse lassen sich wieder öffnen, wenn sie kurze Zeit in warmes Wasser getaucht werden.

Tubenfarben

Der Vorteil von Tubenfarben zeigt sich beim Anrühren größerer Farbmengen, z. B. für das Lavieren eines gleichmäßigen Himmels. Durch den Tubenaufdruck wissen Sie immer genau, mit welcher Farbe Sie es zu tun haben. Beim Wiederholen bestimmter Mischrezepturen ist dies sehr hilfreich. Außerdem kann genügend Farbe eines Mischtons auf Vorrat gemischt werden.
Meine eigene Praxis: Auch auf Reisen nehme ich zusätzlich zum Farbkasten in einer Blechschachtel eine größere Anzahl Farbtuben mit, die ich in der Regel für den Grundakkord eines Bildes verwende. Gelegentlich, meist am Ende des Malprozesses, ergänze ich das Aquarell mit Farbakzenten aus den Näpfchen.

Eine Plastikpalette ist unterwegs recht praktisch, da sie unzerbrechlich ist. Nachteil: Plastik ist wasserabstoßend, und die Farbe zieht sich beim Mischen zusammen.

Paletten

Tubenfarben müssen auf eine Palette ausgedrückt und dort gemischt werden. Im Handel gibt es eine große Auswahl an Paletten aus Porzellan oder Kunststoff mit unterschiedlicher Fächereinteilung. Wenn nur kleine Farbmengen gemischt werden, genügt ein einfacher Porzellanteller. Im Atelier ist eine große Glasplatte hilfreich (am unteren Rand). Sie sollte mit weißem Papier unterlegt sein, damit die Farbtöne schon während des Mischens beurteilt werden können. Zum Anrühren größerer Farbmengen sind kleine Schälchen notwendig.

Zusammensetzung und Eigenschaft der Aquarellfarben

Ausschnitt eines Aquarellfarben-Sortiments mit genauer Beschreibung. Auf Tuben sind in der Regel die Farbeigenschaften angegeben.

Pigment

Für Aquarellfarben werden besonders feine Pigmente (Farbmittel in Pulverform) verwendet, damit sie auch in hauchdünnen transparenten Schichten aufgetragen werden können. Den Farbton bestimmen in der Regel unterschiedliche Metallverbindungen, die heute bis auf wenige Ausnahmen chemisch hergestellt werden. Dies gilt selbst für die Farben Ocker, Umbra und Siena, für die früher eisenoxidhaltige Erde verwendet wurde.

Gummiarabikum als Bindemittel

Im Gegensatz zu den Pigmenten wird das Bindemittel für Aquarellfarben immer noch aus Naturprodukten hergestellt. Gummiarabikum ist ein wasserlösliches Akazienharz aus dem Sudan. Auch das aus Legimosensträuchern gewonnene Tragant kann als Bindemittel dienen. Früher wurde noch Honig oder Zucker beigegeben.

Zusätze

Mit Glyzerin wird der Feuchtigkeitsgrad reguliert. Bei manchen Pigmenten wird Ochsengalle als Netzmittel beigemischt, um die Fließfähigkeit zu verbessern. Im Gegensatz zu deckenden Wasserfarben dürfen Aquarellfarben keine Füllstoffe wie z. B. Tonerde enthalten, da sonst die Lasurfähigkeit verloren geht.

221 Jaune brillant tief ② ★★★★ ■ ◭	Titandioxid Rutil Nickel-Zinn-Titan Chrom-Antimon-Titan-Gelb	PW 6 PY 53 PBr 24	Traditioneller Farbton aus anorganischen Pigmenten. In der Portrait- und Aktmalerei häufig verwendet.
229 Neapelgelb ② ★★★★ ■ ◭	Titandioxid Rutil Nickel-Zinn-Titan Chrom-Antimon-Titan-Gelb	PW 6 PY 53 PBr 24	Nachstellung mit anorganischen Pigmenten des ursprünglich giftigen Bleipigments. Durch ihre Weißanteile wirkt sie stark deckend.
656 Lichter Ocker natur ① ★★★★ ◧ ◭	Eisenoxidhydrat Erdpigment	PY 42/ PY 43	Brillantes Ockergelb aus natürlichem Erdpigment. Hell lasierend. Sehr gute Lichtechtheit. Gut geeignet für Landschaftsmalerei.
667 Umbra natur ① ★★★★ ◧ ◭	Erdpigment	PBr 7	Hellbraun lasierender Ton. Enthält ausschließlich echte Naturerde. Standardfarbe für Landschaftsmalerei.
655 Lichter Ocker ① ★★★★ ◩ ▲	Eisenoxidhydrat	PY 42	Brillantes Ockergelb. Synthetisches Eisenoxidhydrat mit deckender Eigenschaft. Sehr lichtecht. Gut geeignet für Landschaftsmalerei.
659 Titangoldocker ② ★★★★ ■ ▲	Chrom-Antimon-Titangelb	PBr 24	Modernes, anorganisches, deckendes Pigment. Etwas wärmer als 655 Lichter Ocker und 656 Lichter Ocker natur.
660 Siena natur ① ★★★★ ◧ ◭	Erdpigment	PBr 7 PY 43	Reine Naturerde. Traditionell aus Italien. Sehr lichtecht.

höchst lichtbeständig	★★★★★	leicht abwaschbar	△	lasierend	□
hoch lichtbeständig	★★★★	halb abwaschbar	◭	halblasierend	◧
lichtbeständig	★★★	schwer abwaschbar	▲	halbdeckend	◩
bedingt lichtbeständig	★★			deckend	■
gering lichtbeständig	★				

Lichtechtheit

Wegen des dünnen Farbauftrags sind Aquarellfarben besonders lichtempfindlich. Farbpigmente, die nur eine „befriedigende" Lichtechtheit aufweisen, verblassen schon nach wenigen Jahren; davon gibt es auffallend viele im Bereich Purpurviolett und Magenta. Eine sehr hohe Lichtbeständigkeit besitzen Erdpigmente und alle kobalthaltigen Pigmente.

Transparenz

In der Regel kann mit Aquarellfarben lasierend gemalt werden, da sie eine hohe Transparenz besitzen. Einige Farben mit Pigmenten aus Kadmium- und Kobaltverbindungen sind jedoch leicht deckend. Neapelgelb ist stark deckend.

Haftfähigkeit

Um die Haftfähigkeit, die unabhängig von der Färbefähigkeit ist, zu demonstrieren, wurden die Farbproben nach vollständigem Trocknen mit nassem Pinsel gelöst – mit unterschiedlichem Erfolg. Von oben nach unten: Chromoxidgrün stumpf, Kadmiumrot hell, Krapp-Karmin, Ultramarin feinst, Preußischblau.

Färbefähigkeit

Einige Pigmente dringen in die Papieroberfläche ein und lassen sich deshalb auch im feuchten Zustand nur teilweise auswaschen.
Um die Färbefähigkeit zu demonstrieren, wurden die noch feuchten Farbstreifen im unteren Teil abgebraust. Von links nach rechts: Mischung aus Phthalogrün und Purpurviolett, Purpurviolett, Phthalogrün. Da Phthalogrün und Purpurviolett unterschiedliche Färbefähigkeit besitzen, bleibt von ihrer Mischung, dem dunklen Violett, nach dem Auswaschen nur ein heller Purpurton übrig.

Pinsel

Als Malinstrument spielt der Pinsel in der Aquarellmalerei die wichtigste Rolle: Er verwandelt Hand- und Armbewegungen in sichtbare Spuren und gießt die Bildideen in eine Form. Überspitzt formuliert, fließen im Pinselduktus die „Charaktereigenschaften" des Pinsels (rund, spitz, flach, saugfähig, elastisch) mit Ihren eigenen zusammen.
Saugfähigkeit und Elastizität sind die beiden wichtigsten Eigenschaften der Pinselhaare: Sie müssen die Aquarellfarben schnell aufnehmen und bei unterschiedlicher Aufdruckstärke während des Malens gleichmäßig abgeben können. Sie müssen weich sein und trotzdem eine Spannung besitzen, damit sie beim Malen mit unterschiedlichem Druck immer wieder in ihre ursprüngliche Form zurückfedern. Rotmarderhaare erfüllen diese Ansprüche in höchstem Maße.

Pflege

Für Transport und Verkauf werden Naturhaarpinsel mit Gummiarabikum in Form gebracht und zusätzlich mit einem Plastikröhrchen geschützt. Die Leimung können Sie später wieder in Wasser leicht auflösen. Das Röhrchen sollten Sie danach allerdings nicht mehr über die Haarquaste schieben, da die losen Haare dabei leicht eingeklemmt werden und schlecht trocknen. Damit der Pinsel keine Haare verliert und seine feine Spitze behält, beachten Sie folgende Punkte:
Lassen Sie ihn niemals mit den Haaren nach unten im Wasser stehen und spülen Sie ihn nach dem Malen gut aus. Sie können von Zeit zu Zeit mit einer milden Seife (Kernseife) Pigmentrückstände auswaschen. Verwenden Sie nur kaltes Wasser. Mit den Fingerspitzen oder den Lippen bringen Sie den Haarkörper wieder in Form und lassen ihn an der Luft trocknen. Damit kein Wasser in die Zwinge sickert, können Pinsel in einem Pinselhalter hängend getrocknet werden. Japanpinsel haben am Pinselstiel eine kleine Schlaufe zum Aufhängen.

Von oben nach unten: Flachpinsel Nr. 12 mit Synthetikfasern, Petit Gris, Katzenzungenpinsel, zwei chinesische Ziegenhaarpinsel in unterschiedlichen Stärken, zwei unterschiedlich gefaßte chinesische Wildhaarpinsel, Rundpinsel Nr. 16 mit Synthetikfasern, Kolinsky Rundpinsel Nr. 18.

Rundpinsel

Sie sind in den Stärken 14 bis 18 die klassischen Vielzweckpinsel der Aquarellmalerei. Für feinste Details gibt es Haarquasten so dünn wie Bleistiftminen (Nr. 1), für das Aquarellieren auf großen Formaten fingerdicke Pinsel (Nr. 24). Die runde Haarquaste, die in einer Metallzwinge steckt, hat einen dicken Bauch, um viel Farbe fassen zu können; sie muß in einer feinen Spitze auslaufen, wenn sie angefeuchtet wird. Mit dem Bauch können Flächen, mit der Spitze feine Linien gemalt werden. Für mittelgroße Formate ist deshalb nur ein einziger Pinsel notwendig. Zusätzliche Pinsel mit kleineren Haarquasten sind überflüssig.

Rotmarderpinsel
Die runde, spitz zulaufende Haarquaste aus Rotmarderhaaren ist sehr variabel: Breite Spuren entstehen durch etwas Druck oder flache Pinselhaltung, feine Linien durch wenig Druck und steile Pinselhaltung.

Verwaschpinsel

Für das Lavieren (Verwaschen) großer Flächen mit gleichmäßig dünnem Farbauftrag gibt es spezielle Pinsel aus Fehhaaren, die sich durch eine hohe Farbaufnahmefähigkeit auszeichnen. Der französische Verwaschpinsel ist ein Rundpinsel mit besonders dickem Bauch, der Englische Verwaschpinsel oder Katzenzungenpinsel ein ovaler Flachpinsel, der in einer Spitze ausläuft. Dicke Rotmarderpinsel eignen sich ebenfalls zum Lavieren.

Petit Gris *(französischer Verwaschpinsel). Mit dem dicken Pinselbauch aus Fehhaaren, die viel Farbe aufsaugen und gleichmäßig abgeben, können Sie großzügig Flächen wässern oder lavieren.*

Flachpinsel
Flachpinsel werden selten verwendet, weil die Pinselspur einen eigenwilligen, harten Duktus hat.

Englischer Verwaschpinsel
Mit den Fehhaaren läßt sich die Farbe wie beim „Petit Gris" beim Lavieren gut dosieren. Da er flach ist, behält er auch bei geringstem Druck guten Kontakt zum Papier.

Mit diesem chinesischen Ziegenhaarpinsel lassen sich große Flächen gut modulieren. Er ist nicht ganz einfach zu handhaben, da sich die Quaste beim Malen stark verformt.

Japan- und Chinapinsel

In der jahrhundertealten fernöstlichen Tradition der Kalligraphie und Tuschmalerei wurden für jeden Stil eigene Pinsel entwickelt. Die meisten besitzen eine runde Haarquaste mit einer langen Spitze, die sich gut zum Aquarellieren eignet. Sie sind deshalb vor allem in großen Stärken als preiswerte Alternativen zu den teuren Rotmarderpinseln zu empfehlen. Fernöstliche Pinsel finden wir hierzulande immer häufiger im Angebot des Fachhandels. Nachteil: Die Haarquasten verlieren mit der Zeit ihre Haare. Manchmal löst sich die ganze Quaste, weil sie – im Unterschied zu unseren in Zwingen gefaßten Pinseln – in ein Röhrchen geleimt ist. Japan- und Chinapinsel sind nicht numeriert. Sie werden auch in „Übergrößen" hergestellt (dicker als ein Daumen). Eine Besonderheit sind breite Verwaschpinsel, bei welchen mehrere Bambusschäfte wie bei einer Panflöte gebündelt werden.

Haarsorten

Rotmarder- und Kolinskyhaar

Eine besonders feine und weiche Haarsorte ist das Rotmarderhaar, das die hohen Ansprüche der Aquarellmalerei in idealer Weise erfüllt: Es ist saugfähig und gleichzeitig elastisch. Leider sind Rotmarderpinsel sehr teuer. Besonders kostbar sind die Schweifhaare vom Winterfell eines männlichen sibirischen Marders (Tobolski-Kolinsky).

Fehhaar

Es stammt von bestimmten Eichhörnchenarten, ist sehr geschmeidig und saugfähig, aber weniger elastisch als Rotmarderhaar.

Rindshaar

Die beste Qualität haben Haare aus der Innenseite der Ohrmuschel. Sie sind verhältnismäßig stark und bilden deshalb keine perfekte Spitze. Meist werden sie für Schulpinsel verwendet.

Ziegenhaar

Das weiße Ziegenhaar japanischer und chinesischer Pinsel ist sehr weich und kann besonders viel Wasser aufnehmen, besitzt aber noch weniger Elastizität als Fehhaar. Der Ziegenhaarpinsel wird in China und Japan für großzügige Tuschmalerei eingesetzt.

Wildhaar

„Wildhaar" ist eine etwas ungenaue Sammelbezeichnung für verschiedene braune Haarsorten der Japan- und Chinapinsel. Meist handelt es sich um eine Mischung aus Dachs- und Rehhaaren. Weil sie eine ausgezeichnete Spitze bilden und elastisch sind, können sie als preiswerte Ergänzung zu einem teuren Rotmarderpinsel empfohlen werden.

Synthetikfaser

Pinsel mit Synthetikfasern haben einen entscheidenden Nachteil gegenüber Naturhaarpinseln: ihre Saugfähigkeit ist geringer. Andererseits sind sie sehr elastisch und formbeständig.

Pinselführung

Anfänger neigen dazu, ihre ganze Aufmerksamkeit dem Motiv zu widmen, und vernachlässigen dabei häufig die Pinseltechnik. Deshalb besteht die erste Grundübung darin, sich mit dem wichtigsten Instrument der Aquarellmalerei, dem Pinsel, vertraut zu machen. Er ist Ihre verlängerte Hand, und Sie sollten von Anfang an lernen, ihn richtig „in den Griff" zu bekommen. Grundsätzlich gibt es eine steile und eine flache Pinselführung. Bei senkrecht gehaltenem Pinsel können mit der Spitze feine Linien gezogen werden; wird der Pinsel hingegen schräg aufgesetzt, kann der Pinselbauch flach über das Papier gleiten, und es entstehen größere Flächen.

Die Finger können den Pinselstiel auf unterschiedliche Weise fassen. Bremsen Sie den Pinselfluß nicht mit dem Handballen, sondern führen Sie ihn frei – am besten gelingt dies im Stehen! Wenn Sie für feine Details Ihre Hand sicher und ruhig führen wollen, können Sie sie mit dem Nagel des kleinen Fingers stützen.

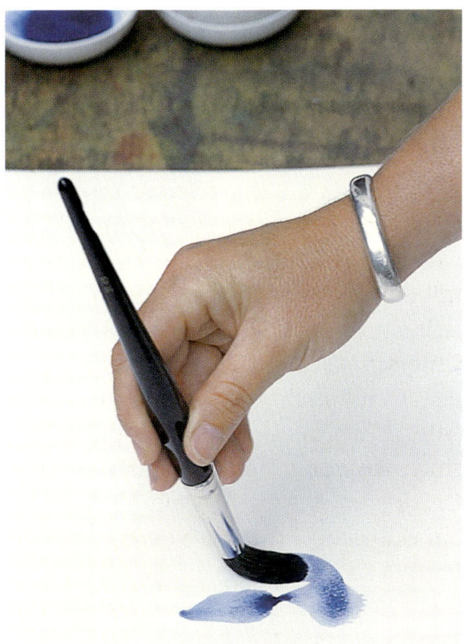

In der fernöstlichen Tuschmalerei ist vor allem im Zen-Buddhismus der Weg zum Bild, also die Pinselführung, so wichtig wie das Resultat und erfordert höchste meditative Konzentration. Bei der hier demonstrierten Sokou-Haltung wird der Pinsel auf den Ringfinger gelegt und mit Zeige-, Mittelfinger und Daumen gehalten.

Pinselspiele

Übung I: „Kleine Freuden"
Versuchen Sie mit unterschiedlichen Pinselhaltungen und verschiedenen Pinseln Farbformen zu entwickeln, zunächst spielerisch ohne Gegenstandsbezug: auftupfen, aufdrücken, langsam loslassen, den Pinselstiel drehen, von sich wegziehen, zu sich herziehen, mit wechselnder Geschwindigkeit. Schließen Sie die Augen! Wie von selbst werden Ihnen dann „reinabstrakte" Flecken in rhythmischer Verteilung gelingen. Konzentrieren Sie sich mit geschlossenen Augen ganz auf Ihre Hand und den Pinsel: wie stark drücken Sie ihn auf das Papier, wie schnell führen Sie ihn, wie fühlt es sich an, wenn Sie ihn vom Blatt heben? Lauschen Sie den leisen Geräuschen der Pinselhaare, wenn sie über das Aquarellpapier streichen. Versuchen Sie nach den Klängen und Rhythmen Ihrer Lieblingsmusik die Pinselspuren zu setzen – es macht Spaß! Vielleicht entstehen auch „Kleine Freuden" – diesen Titel gab Kandinsky einem seiner Bilder.

Pinselmusik
Kandinsky malte 1913 die ersten Aquarelle, die keinen Gegenstandsbezug mehr hatten; er selbst nannte sie „reinabstrakt". Mit dem Pinsel und verschiedenen Farbtönen wollte er „musizieren". Lassen Sie sich von Kandinsky anregen und malen Sie „Klänge".

Aquarell mit rotem Fleck,
Wassily Kandinsky, 1913, 48,3 x 63,3 cm

Die Spuren, die Ihr Pinsel hinterlassen hat, können Sie als Blütenblätter oder Gräser deuten. Schauen Sie genau, Sie werden noch viel mehr entdecken und dabei ein Geheimnis der Aquarellmalerei kennenlernen: Formen fließen aus dem Pinsel, entstehen aus dem Fleck. Wenn Sie hingegen vorgezeichnete Flächen ausmalen und dabei hin- und herpinseln, wird die Farbe stumpf und eintönig, die Lebendigkeit, der „Farbklang" geht verloren.

Übung II: „Ferner Osten"
Entwickeln Sie mit Ihrem Pinsel Formen nach Gegenständen, die Sie vor sich haben. Malen Sie nicht ab, sondern üben Sie mehrfach die Pinselspuren, bis sie sich dem gesehenen Objekt nähern.

Vermeiden Sie, den Pinselstrich zu korrigieren, und lassen Sie die Flecken in Ruhe trocknen, damit die typische Aquarellstruktur, der „Klang", erhalten bleibt.

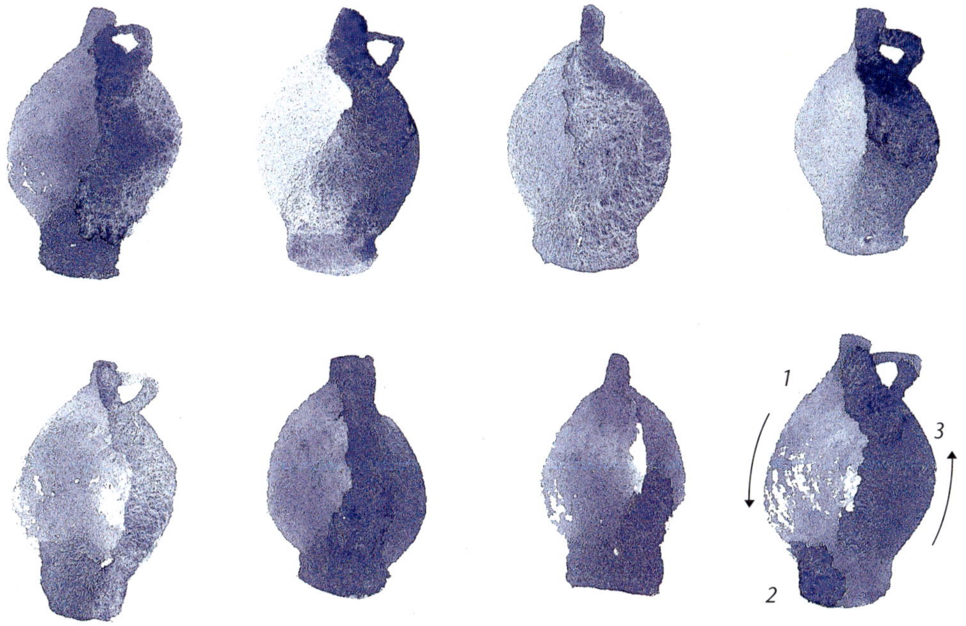

Bei diesen Krügen wird der Pinsel oben steil angesetzt (1) und nach unten gezogen (2). Der Pinselbauch federt dabei leicht auf das Papier und wieder zurück; so entsteht die gewölbte Form. Ohne den Pinsel vom Papier zu nehmen, wird er auf- und abfedernd wieder nach oben gezogen (3). Bei beiden Zügen zeigt die Pinselspitze nach links. Anschließend wird mit steiler Pinselhaltung der Henkel angesetzt.

***Pinselübung**, Inge Schöllhammer*
Hier sind verschiedene Gefäße mit dem Pinsel in Schriftzeichen übersetzt.

Dynamik und Spannung der technischen Formen dieses Ackergeräts werden durch sehr schnell gesetzte Pinselspuren erreicht.

***Heuwender**, 38 x 27 cm*

Wang Yani zeigte schon ab ihrem dritten Lebensjahr eine ungewöhnliche Begabung. In ihrer chinesischen Heimat wurden ihre Arbeiten auf vielen großen Ausstellungen gezeigt und 1986 auch in Deutschland (sie war damals 11 Jahre alt).
In ihren Bildern ist die traditionelle Tuschmalerei – die Komposition auf dem länglichen Format und der Schriftcharakter – mit ihrer eigenen kindlichen Spontaneität und Erzählfreude verbunden. Auf dem stark saugenden Papier sind noch deutlich die einzelnen Pinselzüge zu erkennen, aus denen die Kürbisse, das Äffchen und der blaue Fels aufgebaut sind.

Im Skizzenbuch wird der Aufbau des Ackergeräts studiert und mit dem Pinsel vorgeübt, um auf dem Aquarell die „Treffsicherheit" zu erhöhen.

Früchte sind nicht so gut wie Kürbisse,
Wang Yani, 1984,
130 x 32,5 cm

Passepartout

Das Begutachtungs-Passepartout

Ich möchte Sie schon jetzt mit der Technik des Passepartoutschneidens vertraut machen, weil Papprahmen in unterschiedlichen Größen bereits beim Entstehen eines Aquarells gute Dienste leisten können, also zur Grundausrüstung gehören und nicht nur zur Rahmung fertiger Aquarelle dienen.

Zu Übungszwecken kann ein Passepartout aus dünnerem bzw. billigerem Karton (z. B. Fotokarton) geschnitten werden. Ich empfehle, einen kleinen Vorrat weißer Passepartouts unterschiedlichen Formats als Betrachtungshilfen anzulegen. Mit ihnen können Farbwirkung oder Komposition eines Aquarells während der Arbeit immer wieder begutachtet werden. Auf den Übungsblättern mit den spielerischen Pinselübungen haben Sie bestimmt schon einige Stellen entdeckt, die Ihnen besonders gut gefallen. Sie können jetzt mit Hilfe eines Passepartouts einen Ausschnitt festlegen.

1. Den Ausschnitt, der um wenige Millimeter kleiner sein muß als das Aquarell, markieren Sie mit Bleistift auf der Rückseite des Passepartoutkartons. Damit der Schnitt präzise wird und die Kanten nicht ausfransen, sollten Sie eine elastische Schneideunterlage benutzen.
2. Für abgeschrägte Schnittkanten gibt es spezielle Schneidegeräte, die in einem Lineal geführt werden.
3. Befestigen Sie das Aquarell von hinten mit einem säurefreien Naßklebestreifen.
4. Soll der Büttenrand sichtbar bleiben, muß der Ausschnitt etwas größer gewählt und mit einem Karton hinterlegt werden.

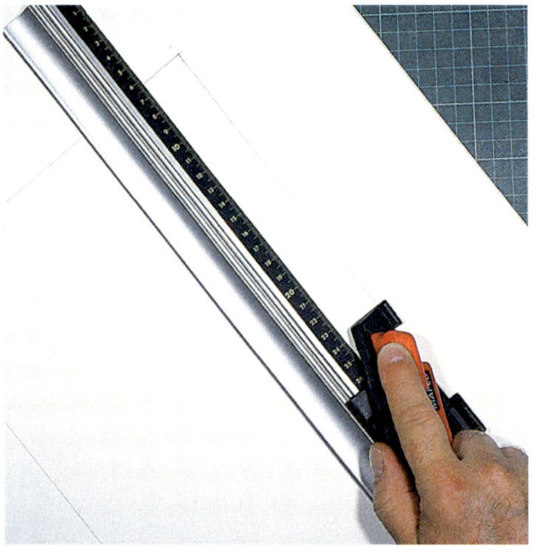

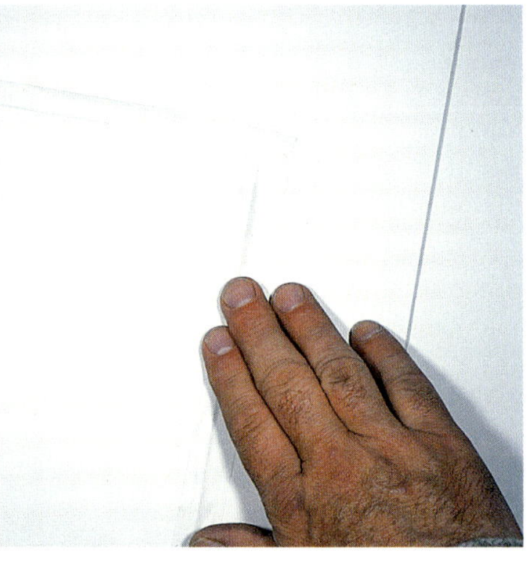

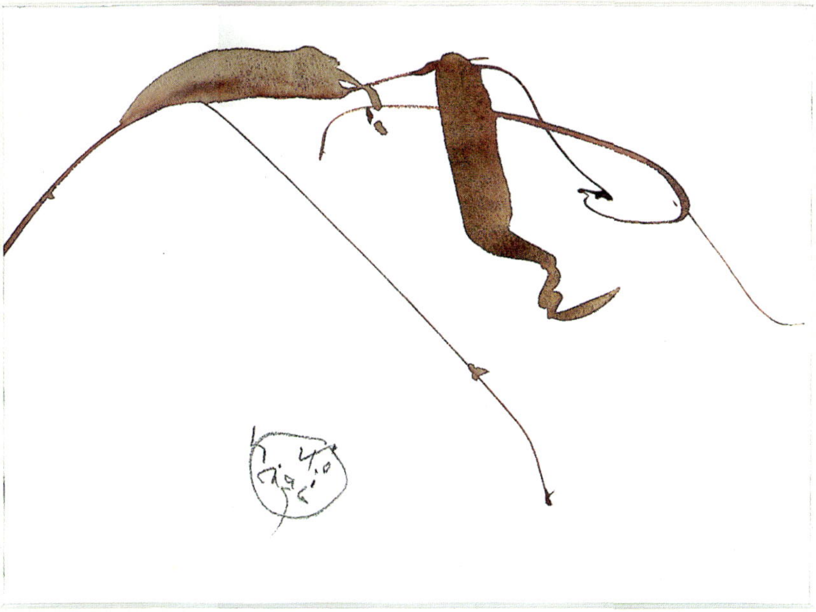

Herbstliches, *Hans Köhler, 1996, 20 x 28 cm*
Herbstliche Blätter sind hier mit Pinselschrift in eine knappe Kompositionsformel übersetzt. Die Vielfalt an Formen und die erstaunlich feinen Linien sind einem Kolinsky-Rotmarderpinsel und natürlich der sicheren Hand des Künstlers zu verdanken.
Kleinere Aquarelle im Querformat können auch, wie bei diesem Beispiel, in ein größeres hochformatiges Passepartout gesetzt werden.

Das klassische Passepartout

Bevor ein Aquarell hinter Glas gerahmt wird, muß es ein Passepartout aus säurefreiem Karton von 1 bis 1,5 mm Stärke als Abstandhalter erhalten. Wird es nämlich direkt auf das Glas gepreßt, kann es passieren, daß sich die Farbe durch geringste Feuchtigkeitseinwirkung abdrückt.

Ein Passepartout erfüllt aber auch einen ästhetischen Zweck als optische Pufferzone zur Umgebung. Deshalb sollte es möglichst in weißer Farbe gewählt werden, damit sich das Auge besser auf das Bildgeschehen einstellen kann. Wenn Sie zum ersten Mal ein Passepartout auf Ihr fertiges Aquarell legen, sind Sie meist angenehm überrascht. Es ist fast wie im Theater, wenn der Vorhang aufgeht.

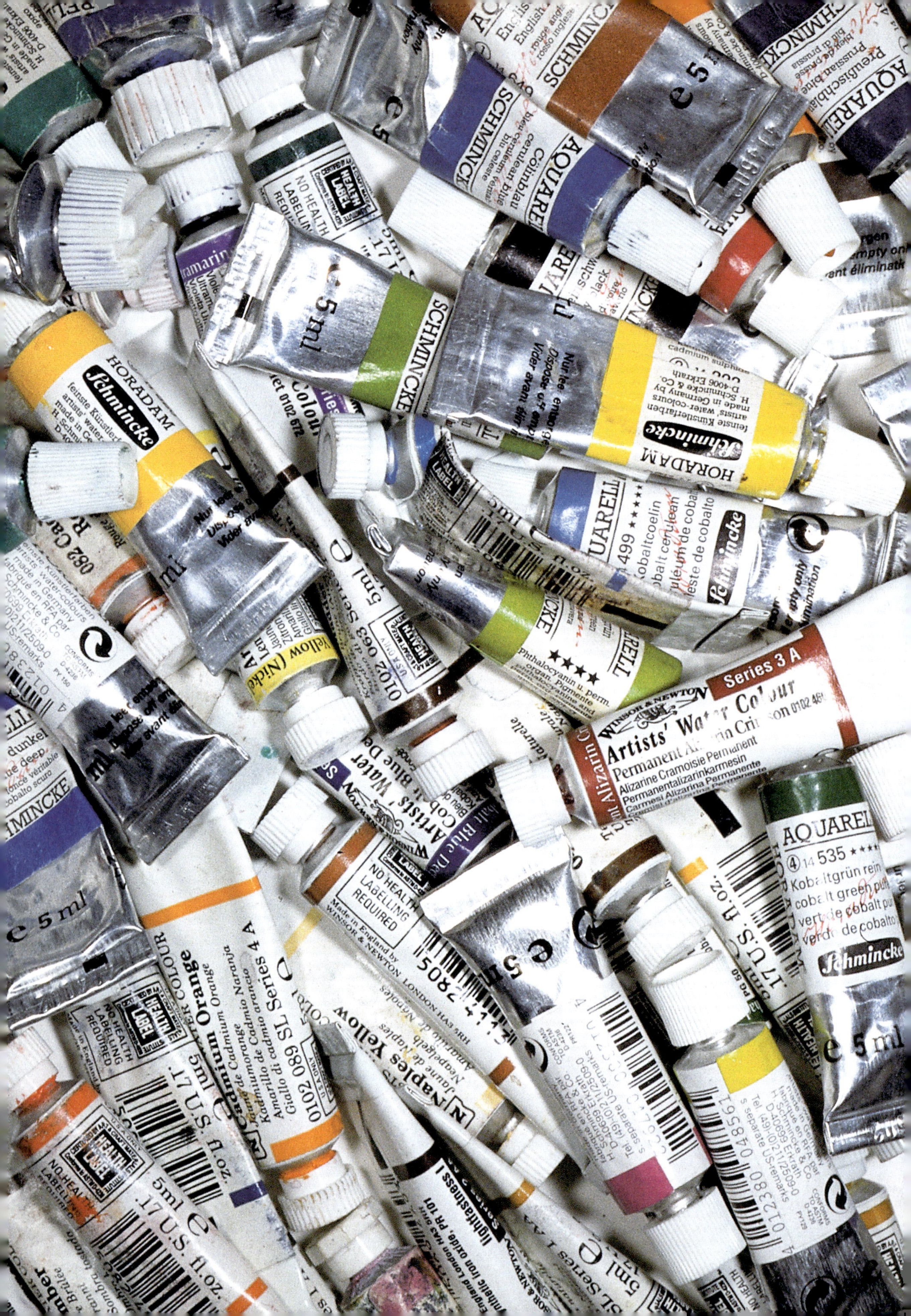
Series 3 A
Artists' Water Colour
Permanent Alizarin Crimson
Alizarine Cramoisie Permanent
AQUARELL
14 535
Kobaltgrün rein
cobalt green pure
Schmincke
HORADAM
SCHMINCKE
AQUARELL
Cölinblau
cerulean blue
5 ml
Cobalt Blue Deep
Naples Yellow
Cadmium Orange
Phthalocyanin u. perm.
NO HEALTH LABELLING REQUIRED
Kobaltcoelin
cobalt cerulean

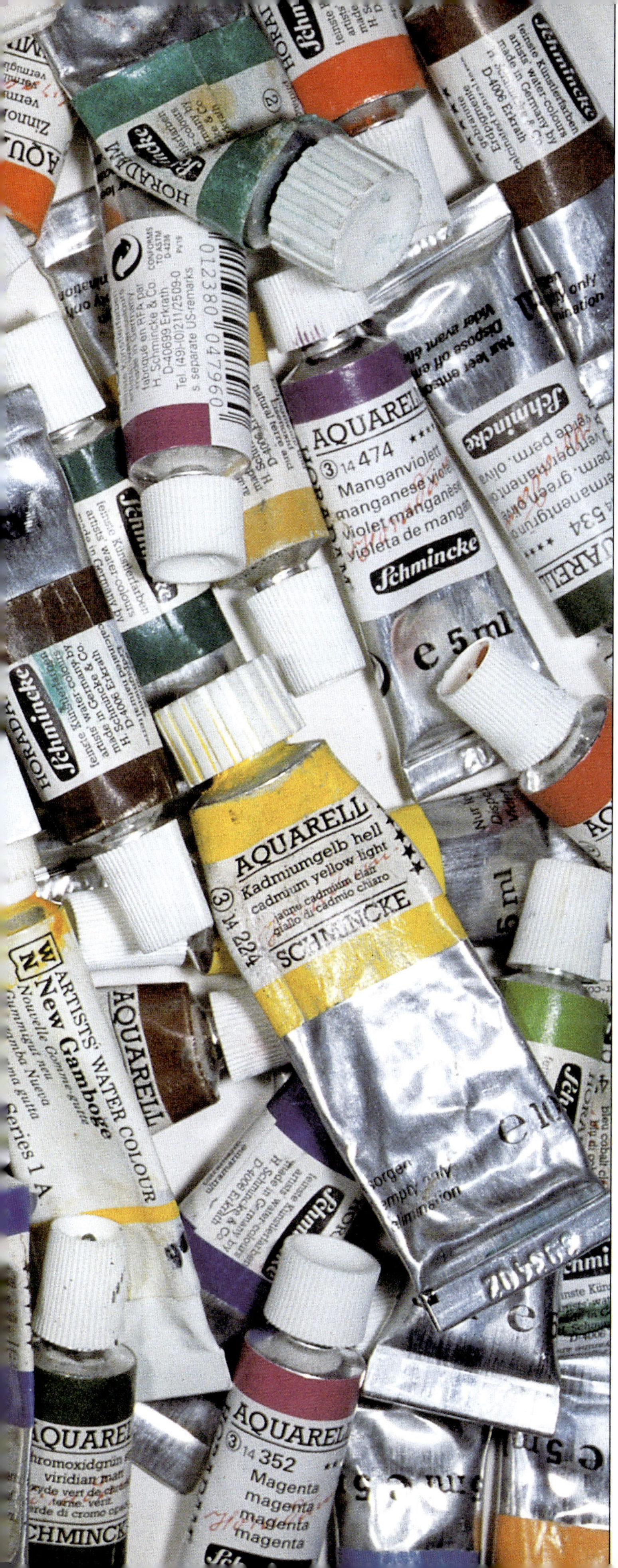

Farbenlehre

Sollte ein Aquarellist über die Gesetze des Farbensehens Bescheid wissen und die Farbenordnung beherrschen? Sicher erfassen wir die Farbwirkung von Bildern vorwiegend gefühlsmäßig; um aber mit Farbklängen eine ganz bestimmte Wirkung zu erzielen und um Farbtöne genau mischen zu können, muß die Theorie die Praxis ergänzen.
Viele Künstler, wie Runge, Delacroix, Kandinsky, Klee oder Itten, haben sich deshalb nicht nur auf ihre Intuition verlassen, sondern auch systematische Farbuntersuchungen angestellt.

Farben sehen – Die Stäbchen und Zapfen der Netzhaut

„Nachts sind alle Katzen grau“
Der Volksmund hat Recht: Wir nehmen das Licht mit zwei unterschiedlichen Rezeptorensystemen wahr. Vergleichen wir das Auge mit einer Kamera, könnte man sich vorstellen, daß in der Netzhaut gleichzeitig ein Schwarzweißfilm und ein Farbfilm eingelegt sind. Stäbchenförmige Nervenenden verwandeln Lichtstrahlen in Schwarzweißbilder, zapfenförmige verwandeln sie in Farbbilder. Weil die Stäbchen im Gegensatz zu den Zapfen auch noch bei geringsten Lichtimpulsen arbeiten, verschwindet in der Dämmerung unsere Farbwahrnehmung allmählich, und wir sehen schließlich alles nur noch grau in grau.

***Kaskade in der Mittagssonne**, 26 x 35 cm*

***Kaskade bei Regenwetter**, 39 x 52,5 cm*

Sonnenscheinfarben und Regenwetterfarben
In der hellen Mittagssonne können die für das Farbensehen zuständigen Zapfen in unserer Netzhaut besonders gut reagieren: Der kleine Wasserfall zeigt sich in leuchtenden Farben. Bei Regenwetter dagegen ist die Farbigkeit reduziert, weil wir bei schlechten Lichtverhältnissen hauptsächlich mit den Stäbchen sehen.

Die additive Mischung

Beim Farbensehen werden Lichtstrahlen gemischt. Dabei werden die drei Frequenzbereiche, die von den Zapfen wahrgenommen werden können, addiert, und ihre Mischfarben sind deshalb leuchtender. Durch die Kombination der drei Zapfen ergeben sich acht Grundpositionen (die drei Kreise entsprechen den drei Zapfentypen).
Drei Einfachreize: Wird nur ein Zapfentyp „erregt", sehen wir ***Rotorange, Grün*** *oder* ***Violettblau.***
Drei Doppelreize: Werden zwei Zapfentypen „erregt", sehen wir Gelb, Cyan (Cölinblau) oder Magenta.
Zwei Sonderfälle: Alle drei Zapfentypen zusammen erzeugen Weiß, und wenn kein Zapfentyp „erregt" wird, nehmen wir Schwarz wahr.

Der „Farbfilm" in unserem Auge

(die Netzhaut mit den drei Zapfentypen)
Von den Strahlen der Sonne kann das menschliche Auge nur einen kleinen Frequenzbereich (400–700 nm) wahrnehmen. In der Netzhaut des Auges befinden sich drei Zapfentypen, die jeweils auf einen Teil dieser Frequenzen reagieren und ein entsprechendes Farbsignal an unser Gehirn senden: Violettblau, Grün und Rot. Dies sind die Urfarben, auf die sich alle anderen Farben zurückführen lassen. Werden zwei Zapfentypen gleichzeitig stimuliert, sehen wir nicht etwa zwei Farben auf einmal, denn das Sehzentrum unseres Gehirns „mischt" die beiden Impulse zu einem neuen Farbeindruck.
Mit farbigen Lichtstrahlen kann die additive Mischung sehr schön demonstriert werden. Solche Mischversuche überraschen, weil sie nicht unseren gewohnten Mischerfahrungen beim Malen entsprechen. Werden z. B. ein roter und ein grüner Lichtstrahl zusammen auf eine Leinwand projiziert, entsteht Gelb mit doppelter Leuchtkraft.

100.000 Farbnuancen

Aquarellfarbkarten zeigen über 100 verschiedene Farbtöne, die als „Fertigfarben" in der Tube oder im Näpfchen gekauft werden können. Durch Mischen kommt man auf ein Vielfaches. Das Auge kann über 100.000 Farbnuancen unterscheiden. Für das Erkennen und Ermischen von Farbtönen ist es deshalb tröstlich zu wissen, daß diese verwirrende Vielfalt geordnet werden kann: Alle Nuancen lassen sich auf sechs Buntfarben und auf Schwarz und Weiß zurückführen, weil die drei Zapfentypen in unserem Auge nur diese acht Kombinationsmöglichkeiten zulassen.

Ausschnitt einer Aquarellfarbkarte

Farben sehen – Der Simultankontrast

Farben existieren nur als Seherlebnis und sind keine festen physikalischen Größen. Dies zeigt besonders gut der Simultankontrast, die „Relativitätstheorie" der Farbenlehre: Nebeneinanderliegende Farbtöne beeinflussen sich gegenseitig, genauer gesagt, sie steigern ihre Kontrastwirkung. Derselbe Farbton eines Salbeiblattes in den Abbildungen erscheint z. B. auf einer dunklen Fläche hell, auf einer hellen dagegen dunkel. Der Simultankontrast wurde von M. E. Chevreul in seiner bis heute gültigen Farbenlehre untersucht. Sein Werk „De la Loi du Contraste simultane des Couleurs" von 1839 war der Bestseller des Jahrhunderts. Den meisten von uns ist die Farbenlehre von Itten vertrauter. Sie basiert auf den Erkenntnissen von Chevreul und übernimmt auch dessen Begriff „Simultankontrast".

Kräutergarten

Aquarell mit verschiedenen nicht gemischten Grüntönen, z. B. Kobaltgrün hell für die Salbeiblätter.

Verwandlung durch den Simultankontrast

Auf dem Foto links erscheinen die Blätter des Salbeis vor dunklem Hintergrund silbrig. Werden die Salbeiblätter direkt auf das Aquarell gelegt (rechts), verwandeln sich die Farben wie von Zauberhand: aus dem silbrighellen Grün des Salbeis wird ein dunkles Olivgrün.

***Kaskade mit rotem Fels**, 42 x 43 cm*

Als ich den kleinen Wasserfall im grünen Schimmer des Blätterdachs betrachtete, begannen die Höhlungen im Fels, über die das Wasser herabstürzte, rot zu leuchten. Ich war von dieser Erscheinung fasziniert und versuchte sie auf mein Aquarell zu übertragen. Erst im nachhinein wurde mir klar, daß durch meinen lange am Motiv haftenden Blick der Simultankontrast wirksam wurde. Die vielen leuchtenden Grüntöne verwandelten die tiefen Schatten in rötliches Leuchten. Vielleicht haben Sie dieses Phänomen schon umgekehrt erlebt: In einem rot ausgeleuchteten Party-Keller erscheinen die Schatten grün.

Farbmagie – Synästhesie und Prägnanztendenz

Synästhesie
(Wahrnehmungsverknüpfung)
Rot ist die Liebe, Grün die Hoffnung? Das Farbensechseck auf S. 55 ist zwar ein guter Kompaß, um sich im Dschungel der vielen Mischtöne zurechtzufinden; für Vorlieben und Abneigungen kann die Farbenlehre jedoch keine schlüssigen Erklärungen geben, auch nicht für traditionelle Zuordnungen aus dem Volksmund. Im künstlerischen Umgang mit Farben bleibt erfreulicherweise vieles unberechenbar. Ohne Magie wären Bilder fade. Wir registrieren nicht einfach Zinnoberrot; andere Wahrnehmungen schwingen mit, Erinnerungen tauchen auf. Wir empfinden Wärme oder Aggressivität, wir erinnern uns an Liebe oder an einen Sonnenuntergang. Kandinsky hat die Synästhesie genau beschrieben. Blau war für ihn z. B. konzentrisch, passiv, weich, fade, und er hörte tiefe Orgeltöne.

„Kühler" und „warmer" Wald
Kälte und Wärme sind die bekanntesten Empfindungen, die Farben auslösen können, wobei die meisten Menschen darin übereinstimmen, daß Blau „kühl" und Rot „warm" wirkt. Wenn Sie beide Aquarelle vergleichen, "sehen" Sie aber nicht nur Wärme oder Kälte, vielleicht „hören" Sie beim blauen Wald einen melancholischen Moll-Akkord, beim roten einen festlichen Klang in einer Dur-Tonart.

Prägnanztendenz und das problematische Grün

Bei Grün runzeln manche Kunsterzieher die Stirn. „Bitte keine grüne Farbe aus den Näpfchen nehmen, sondern mischen!“ So ermahnen sie ihre Schüler, wenn sie Wald und Wiesen malen sollen.
Auch viele Aquarellisten empfinden Grün als schwierige Farbe. Manche haben sie ganz aus ihrer Palette entfernt und akzeptieren sie nur ausnahmsweise als Mischfarbe aus Gelb und Blau. Die Farbenlehre kann keine Erklärung für diese Grünaversion liefern, dagegen die Prägnanztendenz; als ein wahrnehmungspsychologisches Phänomen wirkt sie besonders stark bei Grün, einem in der Natur häufig vorkommenden Farbton.
Da Farbe keine genau bestimmbare Eigenschaft eines Körpers ist, wie Größe oder Gewicht, scheint sie uns ständig zu entgleiten; sie verschwindet mit der Dunkelheit, sie verblaßt in der Ferne, sie verwandelt sich durch den Simultankontrast. Unser Gehirn wäre durch die ständig neue „Interpretation“ überfordert, wenn es nicht Wahrnehmungskonstanten einführen würde: Es speichert Farben als prägnante Basistöne in unserem Gedächtnis. Am Beispiel „Grün“ haben wir das alle schon erlebt. Wir meinen von vornherein zu wissen, daß Wiesen wunderschön grün aussehen und sind geneigt, sie mit Zinnobergrün oder Chromoxidgrün feurig aus dem Farbnäpfchen zu malen. Legen wir aber einen Grashalm auf den gemalten Farbton, stellen wir zu unserer Überraschung eine deutliche Abweichung fest. Im Pflanzengrün ist viel Rot enthalten. Ein vermeintlich maiengrünes Blatt wirkt jetzt plötzlich olivgrün.

Blätter sind nicht grün
Vergleichen wir verschiedene Blätter mit Farbmischungen, zeigt sich der hohe Rotanteil ihrer Lokalfarbe.
Von links nach rechts: Chromoxidgrün stumpf, Phthalogrün, Zinnobergrün hell, Phthalogrün und Kobaltgrün hell. Jeder Grünton ist mit Zinnoberrot oder Cadmiumorange gemischt.

***Ehrenbreitstein**, William Turner, 1841, Wasserfarbe mit Federzeichnung, 25 x 31,5 cm*
Schon William Turner mied die Farbe Grün und pflegte auf seinen Reiseaquarellen bewaldete Hügel in gelben oder roten Farbtönen zu malen (nicht nur im Herbst). Mit diesem „Verfremdungseffekt“ war Turner seiner Zeit weit voraus.

Farben ordnen – Das subtraktive Mischsystem

„Schwäbisches Grau"
Äußerlich gesehen, werden beim Mischen im Farbkasten zwei Farben zusammengerührt, und man ist deshalb geneigt, dies fälschlicherweise als additives Verfahren anzusehen. Es kommt jedoch auf das Ergebnis an: Durch vieles Mischen wird die Farbigkeit subtrahiert, und am Ende entsteht Grau oder Schwarz.
Wir haben alle schon die Erfahrung gemacht, die eine Teilnehmerin eines Aquarellkurses am Bodensee „Schwäbisches Grau" nannte. Um keine Farben zu vergeuden, rührte sie mit ihrem Pinsel alle Farbreste zusammen; sie erhielt eine wunderschöne dunkelgraue Farbsoße und hatte dabei noch ihre Palette gereinigt.

Man muß sich diesen Vorgang theoretisch so vorstellen: Farbpigmente sind wie alle Dinge, die wir sehen, zunächst farblos (Ausnahme: Feuer und Glut leuchten von sich aus). Erst wenn Licht auf die Pigmente trifft, erscheinen sie uns farbig. Welche Farbe wir sehen, hängt davon ab, welche Frequenzen des Lichts von den Pigmenten geschluckt (absorbiert) und welche zurückgestrahlt werden. Jede Farbe, die wir einem Mischton hinzufügen, absorbiert weitere Frequenzen, bis am Ende fast alles Licht geschluckt wird und ein nahezu schwarzer Farbton entsteht.

Aufziehendes Gewitter,
34 x 49 cm
Bei dieser Unwetter-Stimmung wurden die Farben nicht mit Schwarz gemischt. Das Licht, das auf den orangefarbenen Feldern liegt, wird durch Ultramarinblau zu Schwarz „subtrahiert". Mit Wasser wird dieser Farbton in den Wolken aufgehellt (Papierweiß scheint durch). Dadurch entstehen Grautöne, die lebendiger und leuchtender wirken als verdünnte schwarze Farbe.

Die subtraktive Mischung

Bei der Mischung von Farbsubstanzen (hier sind es Aquarellfarben) wird die Leuchtkraft vermindert (subtrahiert).
Wie beim additiven Schema der Lichtfarben gibt es acht Grundpositionen.

Allerdings kehrt sich die Reihenfolge des Mischens um: Hier muß von den leuchtenden Farben ***Magenta*, Gelb** *und* **Cyan** *(Cölinblau) ausgegangen werden. Dies sind die Primärfarben beim Malen, also Farben, die nicht ermischt werden können. Werden jeweils zwei Primärfarben gemischt, entstehen die Sekundärfarben Rotorange, Grün und Violettblau (in den Schnittflächen der Kreise); werden alle drei Primärfarben zu gleichen Teilen miteinander gemischt, löschen sie sich gegenseitig zu Schwarz aus (in der Schnittfläche aller drei Kreise). Die vierte Primärfarbe ist Weiß; auch sie kann nicht aus anderen Farben gemischt werden.*

Leider werden in einigen Farblehren die Primärfarben „Rot" und „Blau" im Sinne des allgemeinen Sprachgebrauchs eingesetzt. Beachten Sie bitte, daß Magenta und Cyan deutlich von diesen „Sprachfarben" abweichen. Goethe verwendete in seiner Farblehre für Magenta die schöne Bezeichnung „Pfirsichblüt".

Vierfarbendruck

Das Prinzip der subtraktiven Mischung gilt auch für die Fotografie und für den Vierfarbendruck wie in diesem Beispiel. Die Farbauszüge sind in der Reihenfolge, wie sie gedruckt werden, abgebildet: Auf Cyan wird zunächst Magenta und auf das Zwischenergebnis (viele Violett-Nuancen) wird Gelb gedruckt. Wie das Endergebnis zeigt, lassen sich mit diesen drei Primärfarben alle anderen Farben ausmischen.
Weil Druckfarben ähnlich transparent sind wie Aquarellfarben, wird auch hier für Weiß der durchscheinende Papiergrund eingesetzt. Da sie nicht so kompakt aufgetragen werden können, muß am Schluß mit etwas Schwarz nachgebessert werden (diese letzte Phase wird hier nicht gezeigt).
Beim Vierfarbendruck ist die Reduktion auf drei Primärfarben und Schwarz aus ökonomischen Gründen sinnvoll und fototechnisch gut zu bewältigen. In der Mischpraxis des Aquarellierens wäre dies zu umständlich. Für das Originalaquarell wurden mehrere Sekundär- und Tertiärfarben verwendet (u. a. Siena gebrannt, Kadmiumorange und Ultramarin).

Korallenriff auf Malapacao,
30 x 40 cm

Farben ordnen – Das Farbensechseck

Primär- und Sekundärfarben

Im Farbensechseck auf der gegenüberliegenden Seite sind die Farben im Prinzip wie in einem Farbenkreis angeordnet. Auf den Eckpunkten sind allerdings die sechs Grundpositionen der Buntfarben besser als auf einem Kreis zu erkennen: drei Primärfarben (Magenta, Gelb und Cyan) und drei Sekundärfarben mit jeweils gleichen Primärfarbanteilen (Rotorange, Grün und Violettblau). Zwischen den Ecken liegen weitere Sekundärfarben mit unterschiedlich hohen Primärfarbanteilen.

Tertiärfarben

Auf der Fläche des Sechsecks liegen die vielen Tertiärfarben. Dies sind Mischungen mit Anteilen aller drei bunten Primärfarben. In unserer Umwelt überwiegen übrigens diese Tertiärfarben. Reine Primär- und Sekundärfarben gibt es nur selten, z. B. bei manchen leuchtenden Blumen, Schmetterlingen oder Korallenfischen. Schwarz im Zentrum des Sechsecks ist eine Tertiärfarbe mit genau gleichen Anteilen aller drei Primärfarben, so daß alle Lichtfrequenzen geschluckt werden.

Komplementärfarben

Die Farbenpaare, die sich auf dem Sechseck genau gegenüberliegen, werden Komplementärfarben genannt. Sie ergänzen sich gegenseitig zu einer schwarzen oder grauen Mischfarbe, bei der alle drei Primärfarben zu gleichen Anteilen enthalten sind, also „komplett" vorhanden sind. Ungemischt nebeneinander gemalt, bilden sie den größtmöglichen Kontrast, da sie auf dem Farbensechseck am weitesten auseinanderliegen (Komplementärkontrast).

Weiß, die vierte Primärfarbe

Jeder Farbton auf dem Farbensechseck kann aufgehellt werden; beim Aquarell geschieht dies in der Regel mit Wasser (Papierweiß scheint durch), bei Gouachefarben z. B. mit Deckweiß. Um die Mischungen mit Weiß zu demonstrieren, ist ein dreidimensionales Farbenmodell mit Weiß an der Spitze notwendig. Da bei den meisten Farbmodellen nur Buntfarben gemischt sind, wird gern übersehen, daß Weiß ebenso wie Magenta, Gelb und Cyan eine Primärfarbe ist, d. h. sie kann aus keinen anderen Farben gemischt werden, also immer nur hinzugefügt werden – beim Aquarell in der Form von Wasser.

Das dreidimensionale Farbenmodell (Sechskantpyramide) enthält zusätzlich Mischtöne mit Weiß.

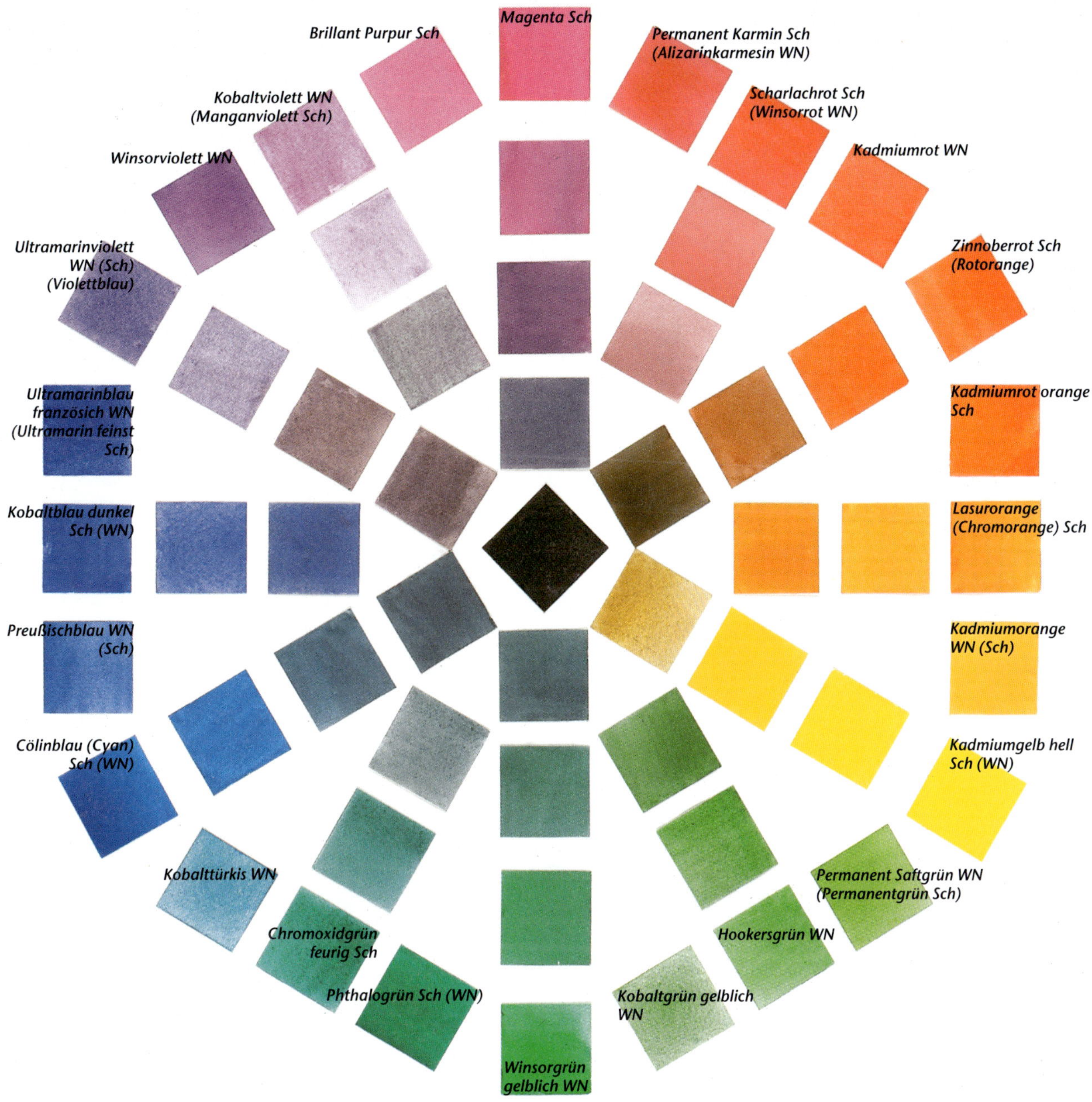

Farbensechseck mit handelsüblichen Farben

Dieses Schema dient zur Orientierung beim Mischen und beim Zusammenstellen Ihres eigenen Farbensortiments. Hier sind Farben von Winsor & Newton (WN) und Schmincke (Sch) in das Farbensechseck eingeordnet. Sie erhalten dadurch einen Überblick über die farbtheoretischen Positionen der im Handel erhältlichen Farben. Sie können z. B. ablesen, daß Zinnoberrot 50 % Gelb enthält und damit dem Rotorange der Farbtheorie entspricht.

Die auf der Sechseckfläche liegenden Tertiärfarben wurden dagegen gemischt – auch Schwarz (mit Deckfarben würde sich nur Dunkelgrau mischen lassen, da sie Füllstoffe wie Kaolin oder Marmormehl enthalten).

Farben mischen – Die drei Hauptwege

„Peripherale" Bewegung nach Paul Klee
Klee untersuchte die Farben nicht isoliert, sondern fragte nach ihrer Reichweite auf dem Farbkreis und zeigte, daß die Primärfarben jeweils zwei Drittel des Kreisumfangs einnehmen. Er demonstrierte z. B., daß Magenta einen „Gipfelpunkt", ein „warmes Ende" bei Gelb und ein „kaltes Ende" bei Blau hat.

Der Vorteil der schematisch angeordneten Farbtöne im Sechseck ist der schnelle Überblick, den man über die Verwandtschaft der Farben untereinander gewinnt. In der Praxis des Mischens sind die Farbübergänge jedoch stufenlos, die Farben geraten in Bewegung. Paul Klee hat drei Mischbewegungen, die für die künstlerische Praxis sehr nützlich sind, in den Mittelpunkt seiner Farbenlehre am Bauhaus gestellt. Ich übernehme seine Bewegungsbezeichnungen.

1. Der **Buntfarbenwert** wird durch die „peripherale" Mischbewegung geändert:
Wandern wir beim Mischen auf der Peripherie des Sechsecks (mit oder gegen den Uhrzeigersinn), erhalten wir ausschließlich Sekundärfarben. Zum Beispiel wird aus der Primärfarbe Cyan durch Zugabe einer „Prise" Magenta die Sekundärfarbe Ultramarin; diese verwandelt sich allmählich in violette Töne, bis wir bei der Primärfarbe Magenta angekommen sind.

2. Die **Leuchtkraft** wird durch die „diametrale" Mischbewegung geändert:
Wandern wir beim Mischen von einer Seite des Sechsecks quer durch die Mitte zur gegenüberliegenden, erhalten wir ausschließlich Tertiärfarben. Zum Beispiel wird die Leuchtkraft von Magentarot durch Beimischen von Winsorgrün, das aus den beiden ergänzenden Primärfarben Cölinblau und Gelb besteht, immer schwächer, bis es in der schwarzen Mitte verlischt.

3. Die **Helligkeit** wird durch die „polare" Bewegung geändert.
Für diese Bewegung ist ein dreidimensionales Farbmodell notwendig. Wenn wir über dem Farbensechseck eine Pyramide errichten, können sich alle Farbtöne der Basis auf einen weißen Gipfelpunkt zu bewegen (siehe S. 54).

Tips zum Farbenmischen:

- Um klare Mischtöne zu erhalten, sollten in der Regel nur zwei Ausgangsfarben verwendet werden. Berücksichtigen Sie, daß Farben in jeder Mischtechnik Leuchtkraft einbüßen.
- Mit Farben, die auf dem Farbensechseck weit auseinanderliegen, lassen sich Brauntöne und mit Komplementärfarben Grautöne mischen.
- Probieren Sie Mischfarben auf einem „Schmierblatt" aus, damit Sie auf Ihrem Aquarell keine böse Überraschung erleben.

Mischen macht Spaß

Mit zwei Farben eine neue zu erfinden macht speziell beim Aquarellieren Spaß, weil die Farben ausgesprochen gut „verrührt“ werden können und auf dem Papier leicht ineinander fließen. Beachten Sie dabei folgende beiden Regeln:

1. Bei feinsten Farbabstufungen sollten die Ausgangsfarben auf dem Farbensechseck nicht zu weit auseinanderliegen, da sonst die Dosierung schwierig wird und der Mischton etwas an Leuchtkraft verliert. Beispielsweise empfehle ich für maiengrüne Nuancen, Gelb mit Grün und nicht mit Blau zu mischen. Gelb reagiert übrigens besonders empfindlich; eine kleine Prise Blau bewirkt sofort einen grünen Farbton. Umgekehrt benötigt Blau wesentlich mehr Gelb, bis es sich in ein leuchtendes Grün verwandelt hat. Auch auf dem Farbensechseck zeigt sich der schnelle Wechsel von Gelb nach Grün und der allmähliche von Grün nach Blau.

2. Versuchen Sie einen gewünschten Mischton möglichst mit nur zwei Ausgangsfarben zu mischen und nur in Ausnahmefällen mit drei Farben. Je mehr Farben Sie nämlich zusammenrühren, desto trüber wird der Mischton. Farbtöne können „totgemischt“ werden. Auch für strahlende Grautöne benötige ich nur zwei Ausgangsfarben (z. B. Siena gebrannt und Kobaltblau).

Doppelzelt,
Paul Klee, 1923,
50 x 31 cm
Auf diesem Aquarell sind die drei Hauptwege des Farbenmischens gut zu unterscheiden: Die Änderung des Buntfarbenwerts von Rot nach Gelb, die Änderung der Leuchtkraft von Olivgrün bis Schwarz und die Änderung der Helligkeit von Dunkelblau bis Weiß.

Mischproben auf einem „Schmierblatt“ können sehr reizvoll sein und zu weiteren Farbgestaltungen anregen.

Mischarten in der Praxis

Pigmentmischung

Ultramarinblau und Kadmiumorange wurden in unterschiedlichen Anteilen auf der Palette gemischt, auf einem Skizzenblatt ausprobiert und dann auf Aquarellpapier aufgetragen.

Pigmentmischung

Bei dieser am häufigsten verwendeten Mischtechnik werden zwei Farben auf der Palette so lange zusammengerührt, bis durch die entsprechende Dosierung der gewünschte Mischton entstanden ist.

Werden größere Mengen eines bestimmten Farbtons benötigt, empfehle ich Tubenfarben in einem Schälchen oder in einem kleinen Schraubglas auf Vorrat zu mischen (ich nehme kleine Plastikfläschchen aus dem Laborbedarf, die für unterwegs sehr praktisch sind).

Optische Mischung

Deutlich sind die von einer Zahnbürste gespritzten blauen und orangefarbenen Pünktchen zu unterscheiden. Aus einer größeren Distanz vermischen sie sich optisch zu oliv- und graugrünen Tönen.

Naß-in-Naß-Mischung

Eine Variante der Pigmentmischung: Direkt auf dem Aquarellpapier fließt in eine feuchte Farbfläche eine weitere Farbe.

Optische Mischung

Hier entsteht der Mischton erst beim Sehen. Diese Variante war bei den Impressionisten und vor allem bei den Pointillisten sehr beliebt. Wenn man z. B. kleine gelbe und blaue Flecken oder Pünktchen (franz. point) dicht nebeneinander auf ein Aquarell setzt, nimmt der Betrachter aus einer gewissen Distanz einen grünen Farbton wahr (die Farben mischen sich erst beim Sehen im Auge).
Mit solchen optischen Mischungen läßt sich z. B. das flimmernde Grün eines sommerlichen Blätterdachs darstellen.

Lasurmischung

Die hohe Transparenz der Aquarellfarben ermöglicht es, Mischungen durch Lasurschichten zu erzielen. So entsteht z. B. durch eine blaue Lasurschicht über einer gelben Fläche ein grüner Farbton. Um reine Lasurtöne ohne Pigmentvermengung zu bekommen, muß die Farbschicht, die übermalt werden soll, vollständig getrocknet sein.
Auf reinen Lasuraquarellen entstehen Farbabstufungen ausschließlich durch Lasurschichten. Hier können bis zu zwanzig und in Ausnahmefällen noch wesentlich mehr Schichten gemalt werden. Damit trotzdem die Leuchtkraft erhalten bleibt, müssen die Schichten hauchdünn aufgetragen werden.

Neapelgelb (oben) ist eine deckende Farbe; auf Preußischblau lasiert, hellt sie deshalb auf, während die transparente Ockerfarbe (unten) zu einem Olivton abdunkelt.

Lasurmischung
Auf eine leichte Grundierung von Ultramarinblau wurden drei Schichten Kadmiumorange und dann drei Schichten Ultramarinblau aufgetragen. Um die Orientierung zu erleichtern, sind die Flächen der einzelnen Lasurschichten mit Bleistift vorgezeichnet. Deutlich ist die Verdichtung der Farben durch die Lasuren zu erkennen. Bei der Überlagerung beider Farben ist das Mischergebnis ähnlich wie bei der Pigmentmischung.

Weißmischungen im Vergleich
Links: Mischungen mit Weiß werden in der klassischen Aquarelltechnik durch Lasur erzielt. Je wäßriger und dünner eine Farbe aufgetragen wird, desto heller erscheint sie durch das Weiß des Papiergrundes.
Rechts: Deckweiß wird in der Aquarellmalerei selten verwendet, weil es ihrem transparenten Charakter widerspricht. Im Gegensatz zu den Lasuren links wirken Mischungen mit Deckweiß etwas pastos und milchig.

Hanne Dittrich beschreibt ihre Arbeitsweise so: „Nachdem die Fläche, die gemalt werden soll, bestimmt ist (präzise Vorzeichnung), lasse ich das gut verrührte Farbwasser über die Fläche – durch den Pinsel geführt – fließen. Dabei liegt der Bildträger schräg. Ich fange oben an und höre unten auf. Ich gehe nicht zurück, sonst entstehen „Wolken". Am unteren Rand sauge ich das überschüssige Farbwasser mit trockenem Pinsel auf."
Alle Aquarelle der Lichtkreuz-Serie beginnen mit vier Rechtecken und dem ausgesparten weißen Kreuz. Dieses bleibt auch unter mehreren Lasurschichten deutlich als helle Form erhalten.

Lichtkreuz III,
Hanne Dittrich, 1996, 39 x 29 cm
Lasuraquarell mit Preußischblau, Cadmium Orange und Violett auf säurefreiem Passepartoutkarton, fixiert und mit Bienenwachssalbe gefirnißt.

Mischübung I
Farbextrakt

Bei dieser Übung können Sie sich ganz auf die Farbtöne und Farbakkorde eines Motivs konzentrieren und auf formale und kompositorische Aspekte verzichten.
Zeichnen Sie mit Bleistift ein Raster mit mehreren Quadraten. Füllen Sie diese mit den Farben Ihres Motivs aus, etwa den Farben eines Stillebens, einer Landschaft, eines Raums usw. Versuchen Sie die Farben, die Sie sehen, durch Mischen so genau wie möglich zu treffen, und achten Sie auch auf feine Unterschiede in den Nuancen.

Farbakkorde der Toskana,
Ralf Ehrenreich, jeweils 7 x 9 cm
Bei diesen drei Varianten sind isolierte Quadrate vorgegeben. Eine sommerliche toskanische Landschaft löst sich in reine Farbakkorde auf.

Mischübung II
Schattenfarbe und Graubalance

Blau und Gelb zu einem grünen Farbton zu mischen ist einfach; das haben wir alle schon in der Grundschule gelernt. Richtig spannend dagegen sind Mischungen mit Komplementärfarben. Hierbei müssen Sie Ihre Aquarellfarben im Farbensechseck genau zuordnen und beim Mischen richtig dosieren.

Schattiges Gelb: *links mit Schwarz, rechts mit Ultramarinviolett gemischt.*

Schattenfarbe

Rühren Sie etwas Chromorange auf Ihrer Palette an, bestimmen Sie mit Hilfe des Farbensechsecks auf S. 55 die entsprechende Komplementärfarbe, und mischen Sie davon eine „Prise" bei: Sie erhalten einen gedämpften, schattigen Orangeton. Mit dieser komplementären Mischmethode können alle Farben „schattig" gemischt werden.
Eine „Prise" Schwarz würde einen ähnlichen Effekt ergeben. Für die Praxis kann ich aber diese Methode nicht empfehlen, da die meisten schwarzen Farbpigmente durch einen geringen Blauanteil das Mischergebnis verfälschen (Gelb und Schwarz ergeben deshalb eine grünstichige Mischfarbe). Ein aus Komplementärfarben gemischter Schatten wirkt sehr lebendig und farbig, mit Schwarz gemischte Schatten können dagegen „rußig" erscheinen. Dürer hat es krasser ausgedrückt: „Du muß in solicher Gestalt molen ein rot Ding,... daß man nit sprech, ein schön Rot sei mit Schwarz beschissen."

Graubalance *mit den Komplementärfarben Alizarinkarmesin und Phthalogrün.*

Graubalance

Wenn zwei Komplementärfarben zu gleichen Anteilen gemischt werden, verwandelt sich die Schattenfarbe in einen Grauton. Hierbei kommt es auf das genaue Dosieren an. Grautöne ändern nämlich ihren Farbwert durch geringste Mischanteile und Abweichungen von der Komplementär-Achse. Dies ist ein empfindlicher Balanceakt. Wenn er gelingt, haben Sie tatsächlich ein Komplementärfarbenpaar gewählt und richtig dosiert. Geringste Abweichungen ergeben wunderschöne Grautöne mit leichtem Buntfarbenhauch.
Die Graubalance gelingt übrigens nicht nur mit Farben, die sich im Farbensechseck am äußersten Rand gegenüberstehen; jedes Farbenpaar, das auf einer Komplementärachse liegt, läßt sich zu Grau mischen, z. B. Siena gebrannt und Kobaltblau.

***Bucht auf Langkawi**, 50 x 70 cm*
Bei diesem Aquarell wurde keine schwarze oder graue Farbe verwendet. Die unterschiedlichen Grautöne der Felsen wurden mit Siena gebrannt und Ultramarin gemischt.

Die 12er Palette

Der Vorschlag für 12 Basisfarben steht bewußt am Ende des Kapitels der Farbenlehre, weil Sie ihn jetzt „durchschauen" und in das Sechseckschema einordnen können. Vor allem in Aquarell-Grundkursen sind Vorschläge für die Anschaffung bestimmter Farben sinnvoll, da die Auswahl an Farbtuben und Farbnäpfchen verwirrend groß ist. Die Basisfarben wurden so zusammengestellt, daß mit jeweils nur zwei Farben eine große Zahl unterschiedlicher, leuchtender Farbtöne ermischt werden kann. Außerdem wurde bei der Auswahl auf gute Lasurfähigkeit und hohe Lichtbeständigkeit geachtet. In der oberen Reihe befinden sich die drei traditionellen Grundfarben, die allerdings von den exakten Primärfarben des Farbensechsecks abweichen. Deshalb gibt es jeweils eine kühlere und wärmere Variante, um leuchtende Sekundärfarben mischen zu können:
Kadmiumgelb + Kadmiumrot = Orangetöne,
Permanent Karmin + Ultramarin = Violettöne,
Preußischblau + Zitronengelb = Grüntöne.
In der unteren Reihe befinden sich links drei Sekundärfarben (Violett, Grün und Orange), die zur Feinabstufung hilfreich sind. Beispielsweise ergeben Preußischblau und Phthalogrün klare Türkistöne. Als Komplementärfarben zur oberen Reihe ermöglichen sie das Ermischen vieler Braun- und Grau-Abstufungen. Rechts sind als Tertiärfarben drei Erdtöne vertreten. Sie kürzen vor allem das Ermischen dunkelgrauer und schwarzer Farbtöne ab, und in der Landschaftsmalerei sind sie häufig direkt einsetzbar.

Vorschlag für 12 Basisfarben
Diese Farbproben sind dem Schmincke-Sortiment entnommen; Farbton und Bezeichnung können bei anderen Herstellern abweichen. Wenn Sie bereits einen Farbkasten besitzen, brauchen Sie nur wenige Farben auszuwechseln, da sich mein Vorschlag für ein Basis-Sortiment an handelsüblichen 12er Farbkästen mit großen Näpfchen orientiert.

Eigenschaften der Basisfarben:

Zitronengelb
Lasierend. Dieses leicht grünstichige Gelb ergibt feinste brillante Grünnuancen in Mischungen mit Phthalogrün.

Kadmiumgelb hell
Leicht deckend und schwer abwaschbar. Es entspricht der Primärfarbe Gelb und ergibt sowohl mit Orange als auch mit Grün leuchtende Mischtöne, weshalb auf Zitronengelb verzichtet werden könnte. Ein zweiter Gelbton ist bei Näpfchenfarben trotzdem empfehlenswert, weil Gelb leicht verschmutzt und beim Mischen in größeren Mengen verbraucht wird als andere Farben.

Kadmiumrot hell
Deckend. Dieser warme leuchtende Rotton entspricht am ehesten dem von der Sprache bezeichneten Rot. Farbtheoretisch ist Kadmiumrot jedoch ein Orangeton (deshalb kann z. B. mit Blau kein Violett ermischt werden).

Permanent Karmin
Leicht deckend. Karmin weicht nur geringfügig von der Primärfarbe Magenta ab, ist jedoch deutlich lichtbeständiger als die übrigen Farben im Magenta-Bereich.

Ultramarin feinst
Lasierend. Dieser traditionelle blaue Farbton wurde bis zum 18. Jh. aus dem Halbedelstein Lapislazuli gewonnen. Er tendiert farbtheoretisch gesehen zu Violett.

Preußischblau
Leicht deckend und schwer abwaschbar. Dieser kühle Blauton liegt in der Nähe der Primärfarbe Cyan (Cölinblau). Er enthält geringe Spuren der beiden anderen Primärfarben Magenta und Gelb und ist deshalb farbtheoretisch gesehen eine Tertiärfarbe. Mit warmen Erdtönen gemischt, entstehen schöne Schattenfarben.

Manganviolett
Lasierend und leicht abwaschbar. Eine der wenigen lichtbeständigen Violettfarben. Weil in der 12er Basispalette die Primärfarbe Magenta fehlt, ist dieser Farbton eine wichtige Sekundärfarbe, um mit Ultramarin oder Karmin weitere Violettnuancen zu mischen. Mischungen mit Orange oder Ocker ergeben verschiedene warme Brauntöne.

Phthalogrün
Lasierend. Da die Primärfarbe Cyan (Cölinblau) fehlt, ist dieser Farbton unerläßlich, um weitere leuchtende Grüntöne zu mischen. Mischungen mit der Komplementärfarbe Karmin ergeben klare dunkle Farben.

Chromorange
Lasierend. Die Leuchtkraft dieses Pigments kann mit einer Mischung aus Rot und Gelb nicht erreicht werden. Chromorange ist die Komplementärfarbe zu Kobaltblau.

Lichter Ocker natur
Lasierend. Wichtiger Farbton in der Landschaftsmalerei. Mit Preußischblau oder Phthalogrün gemischt, entsteht vielfältiges Blattgrün.

Englischrot
Deckend und schwer abwaschbar. Wichtige Ausgangsfarbe zum Ermischen von Brauntönen.

Sepiabraun
Ergibt Schwarz bzw. Grau in Mischungen mit Blautönen. Für Untermalungen von Schattenpartien geeignet.

Bis auf Zitronengelb sind alle ausgewählten Farben sehr lichtbeständig.

Erweiterung auf eine 18er Palette
Magenta und *Cölinblau* sind die wichtigsten Ergänzungen. Als Primärfarben sind dies die einzigen Farbtöne, die mit der 12er Basispalette (S. 64) nicht ermischt werden können. *Indischgelb* ist ein warmer Gelbton, der in der Landschaftsmalerei und bei Blumenaquarellen häufig verwendet wird. *Neapelgelb* ist stark deckend und deshalb neben Deckweiß die einzige Farbe, die in einer Lasurschicht aufhellt. *Ultramarin-Violett* ergänzt die Buntfarbenskala im bläulichen Violettbereich und ergibt mit dem komplementären Gelb und Ocker schöne Schattenpartien. Es ist stark granulierend (grobkörnig) und deshalb für strukturierte Farbflächen interessant. Mischungen mit *Caput mortuum* ergeben satte dunkle Farbtöne, die stark deckend sind.

Quinacridone Magenta — *Cölinblau* — *Indischgelb* — *Neapelgelb* — *Ultramarin-violett* — *Caput mortuum violett*

Diese Farbtöne können den 12er Basisfarbkasten auch als Tubenfarben ergänzen (Farbproben von Winsor & Newton).

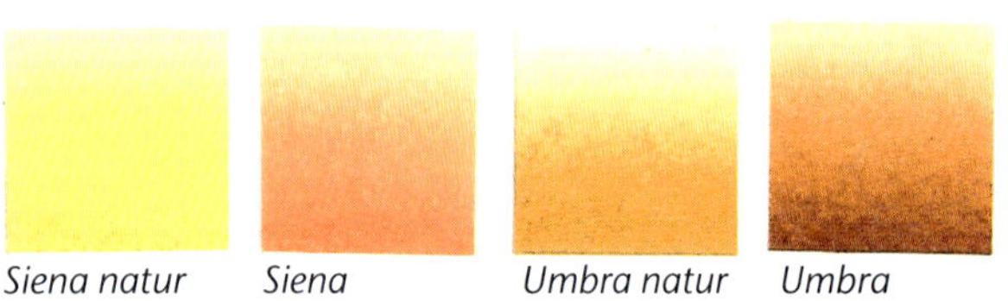

Siena natur — *Siena gebrannt* — *Umbra natur* — *Umbra gebrannt*

Vier alternative Erdpigmente
In der Basispalette kann Lichter Ocker durch das traditionelle Erdpigment Siena natur ersetzt werden, Englischrot durch Siena gebrannt und Sepiabraun durch Umbra. Aber auch als zusätzliche Farben sind diese vier Erdpigmente sinnvoll. Sie finden vor allem in der Landschaftsmalerei Verwendung und können in der vorliegenden Reinheit nur schwer ermischt werden (Farbproben von Winsor & Newton).

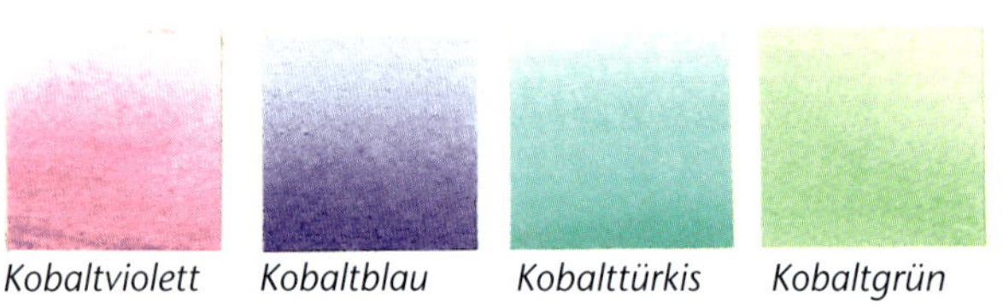

Kobaltviolett — *Kobaltblau dunkel* — *Kobalttürkis* — *Kobaltgrün Gelbton*

Vier zusätzliche Kobaltpigmente
Diese vier Farben sind als Ergänzungen interessant, weil sie wie alle Kobaltpigmente höchst lichtbeständig sind und zu Komplementärmischungen in der Basispalette verwendet werden können. Kobaltviolett läßt sich leider nicht gleichmäßig verlaufend auftragen (Farbproben von Winsor & Newton).

Die Mischgeraden und ihre Schnittstellen

Zwei Farben lassen sich je nach Dosierung in vielen Abstufungen mischen. Sie liegen im Farbensechseck auf der Verbindungsgeraden der Ausgangsfarben (S. 69). Auf der Schnittstelle zweier Mischgeraden liegt ein gemeinsamer Mischton. Beispiel: Ein warmer dunkelgrüner Farbton läßt sich sowohl mit Preußischblau und Ocker als auch mit Phthalogrün und Kadmiumrot mischen, da sich die Mischgeraden beider Mischpaare im dunkelgrünen Bereich schneiden.

Mischungen von Preußischblau bis Ocker

Während auf dem Sechseck (S. 69) der Übersicht halber nur ein ausgewählter Farbton auf der Mischgeraden aufgetragen ist, sind hier acht Farbtöne in drei Helligkeitsstufen (=Verdünnungsstufen mit Wasser) ausgemischt.

Mischungen von Phthalogrün bis Kadmiumrot

Phthalogrün und Kadmiumrot sind auf dem Sechseck (S. 69) nicht mit einer Mischgeraden verbunden. Diese würde die Verbindung Preußischblau/Ocker schneiden. Auf dem Schnittpunkt liegt ein gemeinsamer dunkelgrüner Mischton (vierte Ausmischung von links).

Die 12er Palette im Farbensechseck

Aus farbtheoretischer Sicht wäre es wünschenswert, Aquarellfarben für das Basis-Sortiment so auszuwählen, daß die Farbtöne genau auf den Ecken des Sechsecks liegen. In der künstlerischen Praxis wird jedoch eine traditionelle Palette verwendet, die sich nach Gestaltungskriterien in der Malerei und nach natürlichen Rohstoffen herausgebildet hat. Zusätzlich enthält heutzutage das Aquarellfarben-Sortiment Farbtöne, die sich in der Farbenchemie als lichtechte Ein-Pigment-Farben herstellen lassen (z. B. Violett aus Mangan-Ammonium-Phosphat).

Mit der Einordnung der Basisfarben in das Sechseck kann auf einen Blick ihre farbtheoretische Verwandtschaft erkannt und daraus ihr Mischverhalten abgeleitet werden. Die meisten Basisfarben befinden sich auf dem äußersten Rand des Sechsecks; es handelt sich also um reine Sekundärfarben (Kadmiumgelb ist die einzige Primärfarbe).

Auf der Fläche des Sechsecks liegen vier Tertiärfarben (Preußischblau, Englischrot, Sepia und Lichter Ocker natur).

Außerdem zeigen sich Schwerpunktbildungen und Lücken der 12er Palette: Der Rot-Orange-Bereich ist überproportional vertreten. Dies ist sinnvoll, da diese hellen warmen Farbtöne beim Mischen viel empfindlicher reagieren als Farben im kühlen Blau-Grün-Bereich. Dort nehmen Preußischblau und Phthalogrün als die beiden einzigen Farbtöne eine wichtige Position ein.

Mischgeraden als Mischhilfen

Am Beispiel Englischrot soll die Funktion der Mischgeraden erläutert werden:

Da das Englischrot auf der Mischgeraden von Phthalogrün und Kadmiumrot liegt, könnte es auch mit diesen beiden Farben ermischt werden. Wollen Sie ein leuchtenderes Englischrot haben, müssen Sie etwas Kadmiumrot dazumischen, wollen Sie es dagegen dunkler, müssen Sie den Phthalogrün-Anteil erhöhen.

Wie das Sechseck-Schema zeigt, ergibt eine Mischung aus Manganviolett und Chromorange ebenfalls ein Englischrot mit entsprechend anderen Varianten. Wenn Sie dagegen die Mischgerade zwischen Permanent Karmin und Chromorange wählen, die rechts an Englischrot vorbeiführt, bekommen Sie lachsfarbene Mischtöne. Wenn Sie die Mischgerade zwischen Manganviolett und Ocker wählen, die links an Englischrot vorbeiführt, erhalten Sie dunklere Töne, die zu Umbra gebrannt tendieren.

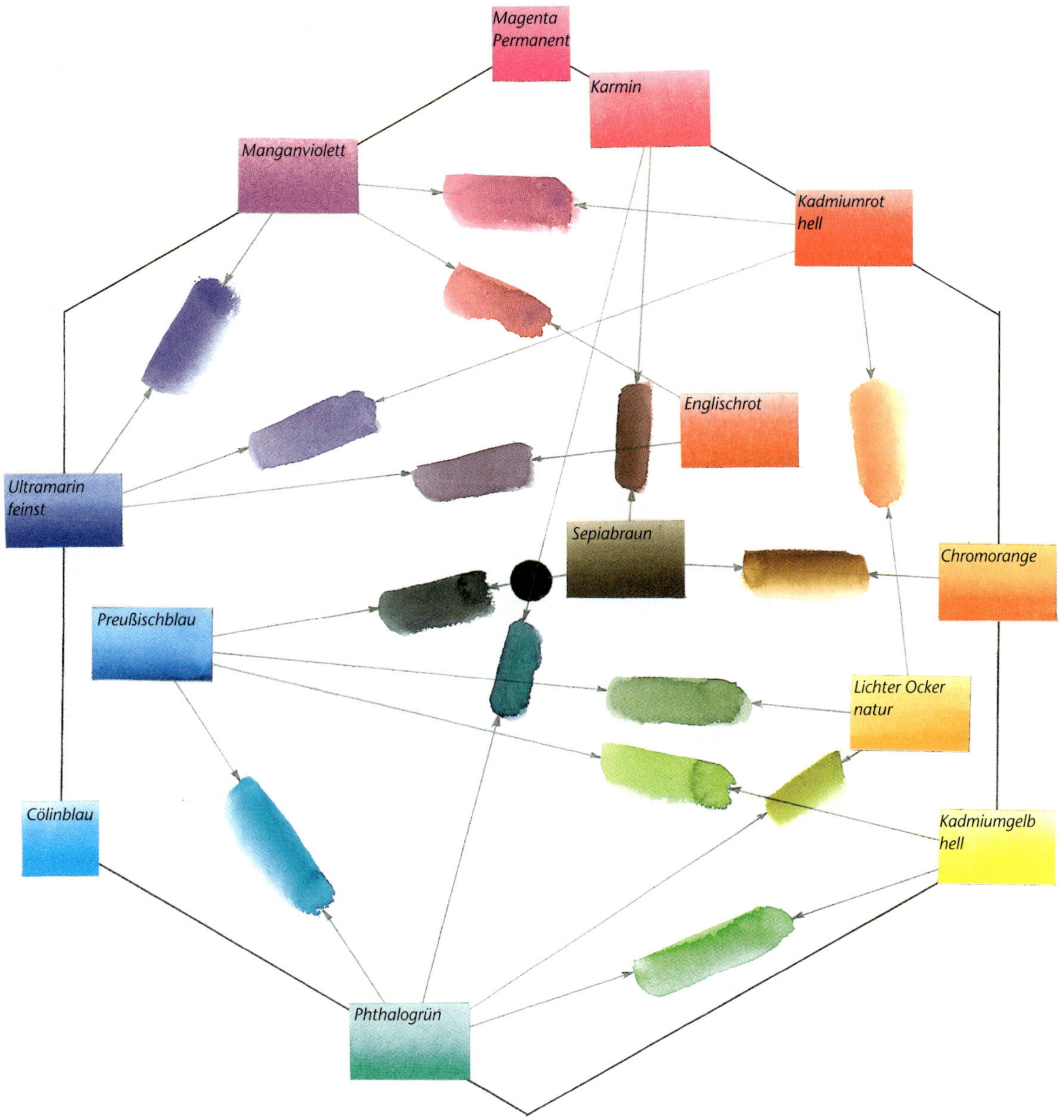

Die Basispalette auf dem Farbensechseck

Zur besseren Orientierung sind die in der Basispalette fehlenden Primärfarben Cölinblau und Magenta zusätzlich als kleinere Quadrate eingefügt; die Mitte ist mit einem schwarzen Punkt gekennzeichnet. Zitronengelb ist nicht eingeordnet, da seine Position nur wenig von Kadmiumgelb abweicht. Um das Schema übersichtlich zu halten, sind nur 14 ausgewählte Mischgeraden gezogen. Wären alle Farben untereinander verbunden, entstünden 55 Mischgeraden, die das Sechseck bis auf wenige Randzonen vollkommen bedecken würden. Dies bedeutet, daß mit den 12 vorgeschlagenen Basisfarben nahezu alle anderen Farben gemischt werden können. Beachten Sie, daß auf den Geraden jeweils nur ein Mischbeispiel aufgetragen ist, durch unterschiedliche Dosierung jedoch viel mehr Ausmischungen möglich sind (siehe S. 67).

Persönliche Paletten im Vergleich

***Piazza del Popolo**, Rudolf Hradil, 1995, 36 x 48 cm*

Hradil schränkt auf seinen Aquarellen die Buntfarbenskala ein. Dies erreicht er mit dem Basisfarbton Siena gebrannt, der mit anderen Farben gemischt wird. Durch die Reduktion entstehen harmonische Farbakkorde mit vielen Graunuancen und Hell-Dunkel-Kontrasten. Die Aufmerksamkeit wird dadurch besonders auf die Lichtwirkung und die Komposition gelenkt.

Farbklänge aus Bali,
Oskar Koller, 1992,
37 x 23 cm
Um leuchtende Farbklänge zu erhalten, setzt Koller im Gegensatz zu Hradil möglichst wenige Mischtöne ein. Mit Hilfe seiner umfangreichen 48er Farbpalette sind trotzdem viele Abstufungen möglich. Er benutzt z. B. Kobaltblau, Cölinblau, Phthaloblau und Ultramarin nebeneinander. Viel Papierweiß unterstützt die Leuchtkraft.

Aquarell-techniken

Dieses Kapitel beginnt mit einem Grundkurs zur Verwaschtechnik, die in der Aquarellmalerei eine zentrale Rolle spielt. Schritt für Schritt lernen Sie in spielerischen Experimenten „Waschverfahren" kennen, die Sie dann gezielt als Lavierung bei Himmel- und Wolkenbildern einsetzen können. Anschließend werden weitere spezifische Aquarellverfahren und einige allgemeine Regeln der Bildgestaltung vorgestellt.

Wassertechnik

> Das Geheimnis eines guten Aquarells liegt in der richtigen Dosierung des Wassers.

Wasser und Farbe

Näpfchenfarben werden auf der Palette des Farbkastens mit Wasser verdünnt, bis sie den gewünschten Helligkeitsgrad haben. Probieren Sie die Farben aus, arbeiten Sie niemals direkt vom Napf auf das Aquarell – wie manchmal bei Anfängern zu beobachten! Größere Farbvorräte können aus der Tube in einem Schälchen angerührt werden.

Wasser und Papier

Bei der Naß-in-Naß-Technik wird die Farbe auf feuchtes Papier aufgetragen. Dadurch entstehen eher weiche Formen. Je feuchter der Grund ist, desto stärker breitet sich die Farbe aus. Das Aquarell unterliegt dann dem Willen des Wassers, seiner Fließkraft. Dabei entstehen reizvolle Zufallseffekte.
Bei der Naß-auf-Trocken-Technik wird die Farbe auf trockenes Papier aufgetragen. Hierbei gehorcht sie besser dem Pinsel und der Hand.

Naß in naß

Auf nassem Grund wird die graue Fläche an ihren Rändern zu hellen Tönen verdünnt, bis sie sich auflöst. Es entsteht eine dunstige Atmosphäre. Auf den mäßig feuchten Stellen links bilden sich ausgefranste Ränder, und die Farbspritzer blühen sternchenförmig aus.
Um eine Kontrastwirkung zu erzielen, wurde im unteren Bildteil auf trockenem Grund gearbeitet.

Naß auf trocken

Auf trockenem Grund bleiben klare Umrisse erhalten; gut zu beobachten bei den Farbspritzern in der oberen Bildhälfte und der roten Lasur auf Grün.
Um eine Kontrastwirkung zu erzielen, wurde mit dem grünen Farbton rechts unten auf feuchtem Grund gearbeitet. Die Ausblühungen an den Rändern erinnern an Buschwerk.

Aquarell-Grundkurs: Verwaschen Auswaschen Abwaschen

Ein grundlegendes Verfahren der Aquarellmalerei in einem doppelten Wortsinne ist das Verwaschen. Zunächst erinnert „waschen" weniger an ein künstlerisches Ausdrucksmittel, sondern vielmehr an Alltagserfahrungen. Wieviel Wasser nehmen Sie beim Bodenwischen und beim Fensterputzen? Sie arbeiten mit feuchtem Fensterleder, tropfnassem Schwamm oder mit einem trockenen Lappen. Sie verteilen das Wasser gleichmäßig, Streifen bilden sich, Pfützen bleiben stehen, Sie lassen das Wasser laufen, Sie schrubben, saugen auf, tupfen ab und wringen aus. Genau diese Erfahrungen sind für das Aquarellieren unentbehrlich. Wenn Sie Waschen und Putzen mit Aquarellieren verbinden können, haben Sie bereits die wesentliche Grundlage der Aquarelltechnik im Griff: den Wassercharakter.

Und ganz wörtlich „Grund legend" ist das Verwaschen beim Bildaufbau. In der Fachsprache wird dies als Lavieren bezeichnet; die dabei verwendeten Farbtöne bereiten die Grundstimmung eines Bildes vor. Schon William Turner legte farbige Hintergründe an. Er nannte sie „colour-beginnings" (Farbanfänge). Sie sind auf dem Aquarell „Riva degli Schiavoni" (S. 11) deutlich zu erkennen.

Pulau Purau, *50 x 70 cm*

„Farbanfänge"
Auf beiden Aquarellen ist das flächendeckende Lavieren des Bildgrundes noch gut zu sehen, weil die einzelnen Motive wie Felsen und Sträucher sparsam darübergesetzt sind. Der graublaue Farbton (Pulau Purau) erzeugt eine kühle, der Ockerton (Langkawi) eine sonnig warme Grundstimmung.
Wegen der Transparenz der Aquarellfarben durchdringt die Lavierung das ganze Bild und faßt alle Farbtöne zu einem harmonischen Akkord zusammen.

Langkawi, *50 x 70 cm*

Eine wichtige Grundregel: Loslassen! Erfolgreiches Aquarellieren liegt im Wechsel zwischen Malen und Beobachten. Zügig wird die Farbe aufgetragen und dann der Pinsel für eine Besinnungs- und Beobachtungspause vom Malgrund genommen: Welche eigenwilligen Wege fließt die Farbe, und wie trocknet sie auf? Anschließend sollte aus einer „Lauerstellung" heraus im richtigen Augenblick weitergemalt werden.

Besonders empfindlich reagiert eine gerade noch feuchte Farbfläche auf wiederholtes Überpinseln; lassen Sie die Farbe in Ruhe trocknen, sonst verliert sie ihre typische Aquarellstruktur und Leuchtkraft. Verwaschen darf deshalb nicht mit Verwischen verwechselt werden!

Die Beobachtungsphase ist der anstrengendste Teil des Aquarellierens. Bequemer wäre es, einfach spielerisch weiterzumalen. Im rechten Augenblick aber aufzuhören und den nächsten Pinselzug zu überlegen, kostet Kraft. Es ist fast wie beim Schachspielen.

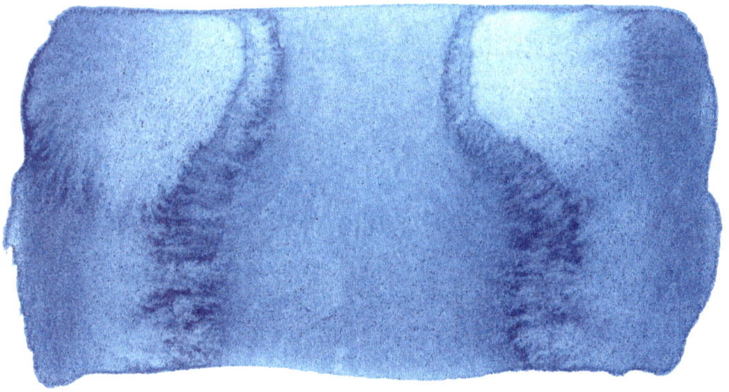

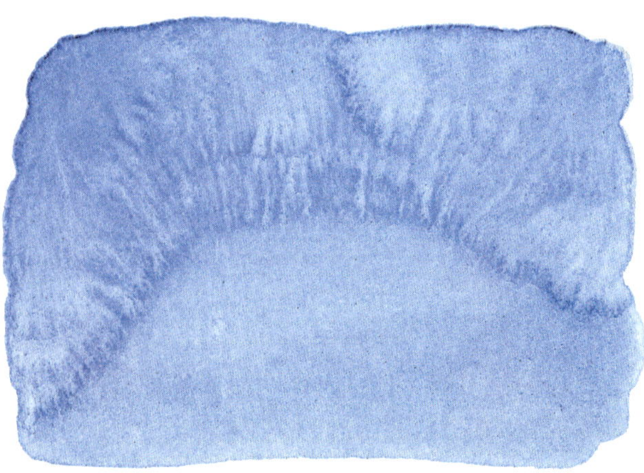

*„**Backruns**" (Rückflüsse)*

Bei diesen zwei Beispielen wurde Kobaltblau mit wenigen Pinselzügen aufgetragen und sofort „losgelassen", damit die Farbflächen ungestört trocknen konnten. Die Spuren der Farbe, die vom Rand her in die bereits trocknende Fläche zurückfloß, sind deutlich zu erkennen. In der englischen Aquarelliteratur wird dieser Effekt als „Backruns" bezeichnet (die Übersetzung „Rückflüsse" gibt es nicht als feststehenden Begriff). Der Backrun-Effekt ist hier deshalb so stark, weil die Farbe auf einen glatten Aquarellkarton satt aufgetragen wurde. Sollen die „Backruns" vermieden werden, muß die Farbe sparsam aufgetragen und ein leicht gekörntes Aquarellpapier verwendet werden. Egal, welche Wirkung Sie erzielen wollen, wichtig ist, daß Sie diese schon während des Malens steuern und in der Trocknungsphase nicht mehr eingreifen, damit das Wesen des Aquarells nicht zerstört wird.

Erster Übungsschritt: Verwaschen

Spannen Sie Ihr Aquarellpapier (ca. 60 cm x 45 cm) auf ein Zeichenbrett, und befeuchten Sie darauf einige etwa handtellergroße Felder mit einem Pinsel (mindestens Nr. 12) oder einem Naturschwämmchen. Achten Sie darauf, daß Sie das klare Wasser auf den einzelnen Feldern lückenlos verteilen. Regulieren Sie den „Wasserhaushalt“ Ihres Pinsels, indem Sie überschüssiges Wasser am Gefäßrand oder behutsam auf einem Lappen abstreifen. Rühren Sie danach in einem Schälchen ausreichend Farbe aus der Tube an (z. B. Kobaltblau und Siena gebrannt), und streichen Sie diese mit unterschiedlicher Pinselführung zügig über die noch feuchten Felder. Beobachten Sie, wie die Farbe in die feuchte Fläche hineinläuft, sobald der Pinsel das Blatt berührt, und wie sie sich bis zum Rand der Wasserfelder ausbreitet. Versuchen Sie auf weitere Bildfelder zwei Farbtöne oder Helligkeitsstufen hintereinander aufzutragen.

Verschiedene Methoden des Verwaschens

Zweiter Übungsschritt: Auswaschen

Probieren Sie unterschiedliche Möglichkeiten aus, helle Farbflächen auf den Farbfeldern des ersten Übungsschrittes zu erhalten: Mit trockenem Pinsel, Schwamm, Lappen oder Löschblatt können Sie die feuchte Farbe wieder aufsaugen. Klare Wassertropfen vertreiben Farbpigmente auf feuchten Flächen und lösen leicht getrocknete Stellen wieder auf, so daß Sie anschließend mit dem Pinsel oder Schwämmchen die Farbe wegnehmen können.

Hier haben sich die Falten des Mallappens beim Abtupfen abgebildet.

Beobachten Sie, wie empfindlich Aquarellfarben beim Auswaschen reagieren: Wenn die Farbe noch zu feucht war, laufen die ausgewaschenen Stellen wieder zu (1). Eine mit trockenem Pinsel ausgewaschene Fläche bleibt mit weichem Rand stehen (2). Wenn Sie eine Fläche auswaschen, die gerade noch wahrnehmbar feucht war, bleiben zarte Randlinien stehen. Sie bilden einen schönen graphischen Kontrast zu den fließenden Farben (3). Dort, wo klare Wassertropfen die Pigmente vertrieben haben, sind Flecken mit ausgefransten Rändern entstanden (4).

Je mehr Wasser Sie verwenden, desto stärkere Wellen wirft das Papier. In den Wellentälern können sich Wasserlachen bilden (links); wenn diese ungestört trocknen können, ergeben sich dunkle Farbmodulationen (rechts).

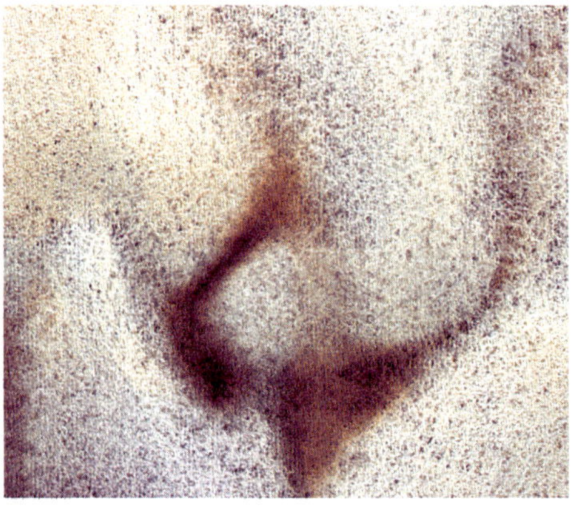

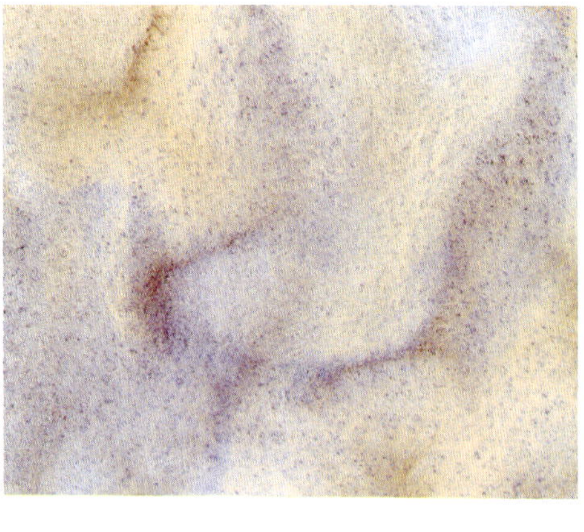

Dritter Übungsschritt: Abwaschen

Wenn Sie inzwischen Ihr ganzes Blatt mit Farbfeldern, die sich auch überlappen können, bedeckt haben, wagen Sie den letzten Übungschritt (Sie brauchen etwas Mut). Warten Sie aber nicht zu lange! Damit der nächste Schritt Wirkung zeigt, sollten einige Stellen zwar schon ganz aufgetrocknet, andere aber gerade noch feucht sein. Fassen Sie Ihr Blatt an einer Ecke und tauchen Sie es in einen großen Wassereimer: Farben, die noch feucht sind, werden abgelöst. Wenn bereits zu viele Stellen angetrocknet sind, können Sie unter Wasser mit dem Schwamm nachhelfen.

„Zerwirken"

Die drei Übungsschritte haben zusammen mit dem Eigenwillen des Wassers einen komplexen Bildvorrat auf das Blatt gezaubert. Mit Bleistift werden jetzt Bildfelder markiert, die als selbständige, meist landschaftlich deutbare, Kompositionen herausgelöst werden können. Eine gute Hilfe beim Suchen nach Bildausschnitten sind Passepartouts. Paul Klee hat für das Zerlegen von Bildern, von dem er selbst häufig Gebrauch machte, den Begriff „Zerwirken" geprägt.

Dieser Ausschnitt aus einem Übungsblatt, der an einen See mit Abendhimmel erinnert, zeigt deutlich, wie manche Stellen, die vorher sehr kompakt waren, durch das Abwaschen ihren Wassercharakter zurückerhalten.
Die Küstenlandschaft darunter ist eine „zerwirkte" Komposition aus dem daneben abgebildeten Übungsblatt.

Lavieren

Aquarellspezialisten, die eine gleichmäßige Grundierung für einen makellosen Himmel erzielen möchten, sprechen nicht von Verwaschen, sondern von Lavieren. Beachten Sie dabei folgende Punkte:

Das Papier darf sich nicht wellen, damit nicht dunkler auftrocknende Pfützen stehen bleiben. Deshalb ist es ratsam, das Blatt entweder aufzuspannen oder auf beiden Seiten mit einem Schwamm zu befeuchten, damit es sich gleichmäßig ausdehnen kann. Kleine Farbpfützen, die an Haltepunkten entstehen, können Sie vermeiden, indem Sie den Pinsel mit einer leichten Drehung vom Blatt abheben und dabei die Farbe mitnehmen.

Die Unterlage sollte ein leichtes Gefälle besitzen, damit die Farbe gleichmäßig nach unten laufen kann. Die kleinen Wasserwülste, die sich am unteren Rand eines Farbstreifens bilden, werden mit dem jeweils anschließenden Pinselzug aufgesaugt.

Wenn mit einem gemischten Farbton laviert werden soll (hier z. B. Kobaltblau und Siena gebrannt), muß von der Mischung genügend angerührt sein, damit der Laviervorgang nicht unterbrochen werden muß. Am unteren Rand dieses Beispiels wurde die überschüssige Farbe nicht aufgesaugt und floß deshalb in die trocknende Fläche zurück („Backrun").

Etwas mehr „Pinselspitzengefühl" benötigen Sie für die Lavierung eines stufenlosen zweifarbigen Verlaufs. Gehen Sie wie beim Dunkel-Hell-Verlauf vor; anstatt des klaren Wassers nehmen Sie jetzt eine weitere Farbe.

Le Brocquy zu seinem Aquarell: „Zuerst habe ich fast das ganze Aquarellpapier aufs Geratewohl mit klarem Wasser laviert. Von der linken Seite führt ein satter Pinselstrich als dunkler Berg herein, der mit klaren Umrissen stehen blieb, weil zufällig eine trockene Stelle ausgespart war. Wo das tiefe Bergblau weiter rechts in die feuchten Stellen eintaucht, wird es heller und verschmilzt mit der Fläche des Himmels. In der nassen Fläche hat sich das verdünnte Sumpfbraun ausgebreitet. Zufällig blieben einige weiße Lücken stehen, die den Eindruck von Bauernhäusern vermitteln..."

Bog Landscape,
Louis Le Brocquy, 1989, 18 x 26 cm

Abbildung links: Verlauf von dunkel nach hell auf trockenem Papier. Setzen Sie am Rand des Bildfeldes einen Farbstreifen. Danach arbeiten Sie mit klarem Wasser weiter.
Abbildung rechts: Der Verlauf von hell nach dunkel auf feuchtem Papier ist eine gute Methode, stufenlose Verläufe zu erhalten. Beginnen Sie mit klarem Wasser und fügen Sie im weiteren Verlauf Farbe hinzu.

Himmel und Wolken

Wenn Sie den Himmel durch einen Motivsucher betrachten, können Sie die unterschiedlichen Farben besser isolieren, und Ihr künstlerischer Blick offenbart Ihnen viele Farbtöne in Himmelgrau und Himmelocker. Das Lavieren ist die geeignete Technik, um solche Farbverläufe darzustellen.

Während der Übungsschritte zum Verwaschen sind bereits einige Wolkenhimmel entstanden. Diese eher zufälligen Effekte sollen zum Abschluß der „Waschtechniken" gezielt für eine Serie kleiner Landschaften eingesetzt werden.
Unterschiedliche Wolkenstimmungen erfordern eine erweiterte Farbpalette. Neben Kobaltblau dunkel und Siena gebrannt, mit denen die vorhergehenden Übungen gemalt wurden, können zusätzlich noch Ultramarinblau, Umbra gebrannt, Lichter Ocker, Kadmiumgelb zitron und Karminrot verwendet werden.

Phantasielandschaft in drei Schritten

1. Mehrfarbige Lavierung bis zu einer Horizontlinie.

2. Mit klarem Wasser werden einige Stellen des Himmels feucht gehalten. Diese werden zu Wolken ausgewaschen, nachdem die Farbe ringsum getrocknet ist. Mit einer Mischung aus Kobaltblau und Siena gebrannt wird die Landschaft ergänzt.

3. Zusätzliche Details auf der Horizontlinie erwecken den Eindruck einer Industrielandschaft. Abschließend werden mit trockenem Pinsel die Wolken moduliert.

Himmelgrau und Himmelgrün

Unser Verlangen nach einem südlichen Sommertag mit blauem Himmel ist offenbar so stark, daß wir mit dem Begriff „Himmel“ automatisch die Farbe Blau verbinden. Sie kennen sicher die blauen Streifen am oberen Bildrand von Kinderzeichnungen. Wir sind geneigt dieses schöne Himmelblau einfach bis zum Horizont herunterzuziehen. Wenn Sie jedoch zum Fenster hinausschauen, werden Sie viele andere Farbtöne entdecken. Selbst ein wolkenloser Himmel verblaßt zum Horizont hin und vermischt sich mit einer Spur Ocker oder Grün.

Die Beispiele wurden in einem Aquarellseminar von Sigrid Dechant, Christa Fluhrer und Isa Tillmann gemalt.

Hier wurden die Wolken beim Lavieren von vornherein ausgespart.

Der Eindruck von wolkigen Flecken entsteht hier durch abgestuftes Auswaschen. Die zunächst mit trockenem Pinsel herausgetupften Wolken wurden nachträglich ergänzt oder mit etwas klarem Wasser bearbeitet.

Durch eine leicht streifige Lavierung, die sich zum Horizont hin aufhellt, entsteht ein wolkenverhangener Himmel.
Unter die schmale ausgesparte Horizontlinie wird eine dunkle Lavierung als Landschaft gesetzt. An den Berührungspunkten zu dem noch feuchten Himmel entstehen buschartige Ausblühungen.

Über einer gelben Grundlavierung sind die Wolken mit einer Mischung aus Kobaltblau und Siena gebrannt gemalt. Wenn mit mäßig farbgetränktem Pinsel ganz leicht über das Papier gestrichen wird, bleiben weiße Stellen erhalten, und die Papierkörnung bildet sich ab. Dadurch entsteht der Eindruck von Wellen auf einem See.

Weißmethode I: Aussparen

Das „Weißproblem“
Wegen der Transparenz der Aquarellfarben können weiße oder helle Farbtöne niemals nachträglich aufgetragen werden. Mit jeder Übermalung, jeder Lasurschicht werden die Farben nur dunkler und kompakter und immer mehr weiße Stellen gehen verloren. Bei einem komplexen Bildaufbau müssen deshalb hellere Bildteile von vornherein eingeplant werden. Dagegen spielt dieses Problem bei einem Aquarell, das eher einer Pinselzeichnung entspricht, kaum eine Rolle (vergl. „Herbstliches“ auf S. 43).
Das Aussparen ist beim Aquarell die klassische Methode, um weiße Formen zu erhalten. Wenn Sie längere Zeit mit deckenden Temperafarben gearbeitet haben, wird Ihnen diese Methode zunächst nicht leicht fallen, weil Sie helle Bildstellen nicht wie gewohnt mit Ihrem Pinsel auftragen können; Sie müssen diese als Negativform stehen lassen, indem Sie die angrenzenden dunkleren Flächen mit dem Pinsel bearbeiten. Ich formuliere bewußt „bearbeiten“, da es nicht ratsam ist, die Negativform einfach mit dem Pinsel zu umfahren. Solche Pinselspuren, die um eine hellere Form herumführen, wirken im Bildzusammenhang meist störend. Bei einer komplexeren Komposition und bei komplizierteren Formzusammenhängen empfiehlt es sich, die Stellen, die ausgespart bleiben sollen, mit Bleistift vorzuzeichnen oder mit einer hellen Lasur vorzumalen.

Wenn an die Form, die ausgespart bleiben soll, Farbflächen anschließen, fügt sie sich gut in den Bildzusammenhang.

Wenn die Form, die weiß ausgespart bleiben soll, nur mit dem Pinsel umfahren wird, ist ihre Integration in den Bildzusammenhang schwierig.

Helle Dächer aussparen

Wie bei diesem Beispiel ist bei vielen Landschaften die Architektur heller als der Hintergrund und muß deshalb ausgespart bleiben.

Heidelberg am Neckar im morgendlichen Gegenlicht.
Durch die starke Reflexion heben sich die Dächer als helle Formen von den dunkleren Hügeln ab.

Mit Hilfe von Kompositionsskizzen suche ich nach einem geeigneten Ausschnitt. Schließlich konzentriere ich mich auf die hellen Dachformen und ihre Spiegelungen im Fluß.

Damit der Hell-Dunkel-Kontrast verstärkt wird, lasse ich Ultramarinblau in die feuchte Grundierung fließen.

In der Grundierung mit Siena gebrannt wird die Architektur ausgespart. Dabei dient die Vorzeichnung zur Orientierung. Die helle Spiegelung im Fluß wird mit dem Schwamm ausgetupft.

***Heidelberg**, 23 x 30 cm*
In weiteren Schritten werden die Häuser und der bewaldete Hintergrund mit vorwiegend gelben Lasuren überarbeitet. Dabei muß darauf geachtet werden, daß das Kirchendach bis zum Schluß als hellster Akzent erhalten bleibt.

Beispiele mit beabsichtigten Aussparungen

Gasse auf Santorin *(Ausschnitt)*
Anstatt einer Vorzeichnung bietet eine hell lasierte Form, wie hier die Kuppel, eine gute Orientierung beim anschließenden Aussparen.

Mohnblüten*, 56 x 38 cm*
Bei pflanzlichen Formen gelingt das Aussparen von Details ohne genaue Vorzeichnung recht gut, da mögliche „Ausrutscher" besser als bei architektonischen Motiven in das Bild integriert werden können.

Rosenblatt und Blüte *(Ausschnitt)*
Hier muß genau vorausgeplant werden. Zuerst bleibt in der ockerfarbenen Grundierung ein schmaler Streifen als Blattrippe stehen. Anschließend wird mit Umbra natur der Schattenbereich gemalt, wobei das ganze Rosenblatt ausgespart bleibt.

Beispiele mit unbeabsichtigten Aussparungen

Bei zügig gearbeiteten Aquarellen bleiben neben beabsichtigten Weißaussparungen auch zufällig weiße Stellen stehen. Diese sollten nicht voreilig überarbeitet werden, da sie als kontrastierende helle Akzente die Gesamtwirkung eines Aquarells meist steigern.

***Bimssteinhalde in der Eifel**, 24 x 34 cm*

***Tungabhadra-Tal**, 50 x 41 cm*

***Mozartsteg in Salzburg**, 36 x 45 cm*

Neben den bewußt weiß ausgesparten Brückenbögen blieben hier im zügig und wässrig gemalten Regenhimmel einige weiße Stellen zufällig stehen. Dabei wurde der vorderste Bogen, der den Steg überspannt, bis auf wenige bereits getrocknete Konturlinien ausgewaschen.

Weißmethode II: Entfernen feuchter Farbe

Auswaschen und Aufsaugen
Diese Methode hat den Vorteil, daß Sie sich die hellen Bildstellen nicht wie beim Aussparen als Negativformen vorstellen müssen, sondern als positive Formen herausarbeiten können. Mit Pinsel, Schwamm oder Lappen kann die feuchte Farbe vom Papier aufgesaugt werden. Die dabei entstehenden hellen Stellen haben weiche Konturen. Die Form läßt sich allerdings nicht so exakt steuern wie beim Aussparen.
Da sich feuchte Aquarellfarbe verhältnismäßig leicht entfernen läßt, wie bereits im Abschnitt über die Verwaschtechniken gezeigt wurde, kann mit dieser Methode auch korrigierend in den Malprozeß eingegriffen werden.
Neben dem Feuchtigkeitsgrad der Farbe spielen Papierqualität und Farbqualität eine große Rolle. Alizarinrot z. B. färbt das Papier und läßt sich nicht mehr vollständig abwaschen, während sich Ultramarinblau recht gut lösen läßt. Von stark saugfähigen Papiersorten (z. B. Japanpapieren) kann die Farbe gar nicht mehr entfernt werden.

Waschen Sie Ihren Pinsel aus und trocknen Sie ihn, indem Sie ihn über ein Tuch streichen. Jetzt können Sie ganz einfach die feuchte Farbe wieder vom Papier aufsaugen.

Mit saugfähigem Papier (Löschblatt, Papiertaschentuch) lassen sich vor allem exakte Formen mit geraden Konturen, wie sie für Architekturdarstellungen benötigt werden, herausarbeiten.

Um größere Flächen wie z. B. Wolken herauszuarbeiten, eignet sich ein Naturschwamm recht gut.

Die unterschiedliche Wirkung von Aussparen und Auswaschen
Das Aquarell links zeigt einen Uferbereich mit ruhiger Wasserfläche vor scharfkantigen Felsbrocken, das rechte dagegen ein quirliges Bachbett mit abgeschliffenen Steinen. Reflexe, helle Felsen und schäumendes Wasser sind mit unterschiedlichen Techniken dargestellt. Vergleichen Sie die klaren Konturen, die durch Aussparen entstehen und die weichen Formen, die durch Auswaschen entstehen.

***Verzasca I**, 34 x 24 cm (links)*
Die vorwiegend scharfkantigen Felsbrocken und die hellen Baumstämme am Ufer sind ausgespart, die Reflexe auf der Wasseroberfläche mit einer Löschblattkante ausgetupft.

***Verzasca II**, 34 x 24 cm (rechts)*
Die weichen Formen der abgeschliffenen Steine im Bachbett entstehen durch Auswaschen mit Schwamm und Pinsel.

Kleine Flächen können mit Wattestäbchen ausgetupft werden.

Mit der Kante eines Löschblatts erhalten Sie Linien. Dabei ist besonders auf den Trocknungsgrad der Farbe zu achten. Wenn die Farbfläche noch naß ist, laufen die hellen Linien wieder zu.

Abwaschen
Im Grundkurs zum Umgang mit Aquarellfarben haben Sie mit dieser Technik bereits experimentiert und aus den zufällig entstandenen Strukturen kleine Bildkompositionen ausgeschnitten. Sie können auch gezielt bestimmte Farbflächen feucht halten und diese anschließend als helle Formen auswaschen. Das Reizvolle an dieser Methode ist die Mischung aus Zufall und Planung.

Verzasca III*, 34 x 24 cm*
Um Reflexe auf der Wasseroberfläche darzustellen, wurde über einen phthalogrünen Grund eine englischrote Lasur gelegt. In dieser wurden wie im Beispiel rechts oben mit Wassertropfen einige Stellen feucht gehalten und anschließend ausgewaschen.

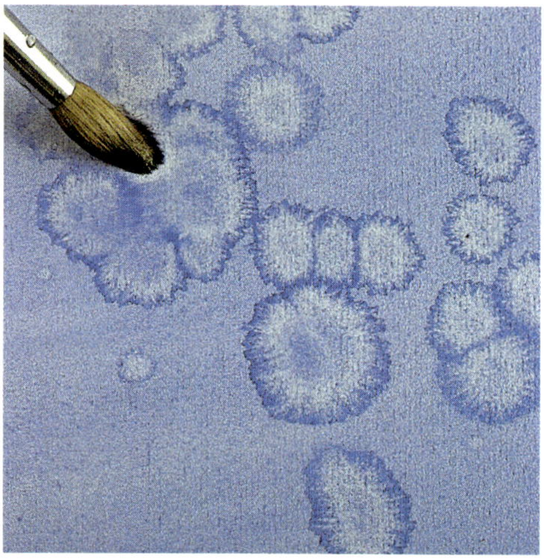

Um bestimmte Stellen abwaschen zu können, müssen sie feucht gehalten werden, während die übrige Farbfläche trocknet. Hier wird mit dem Pinsel Wasser zugegeben.

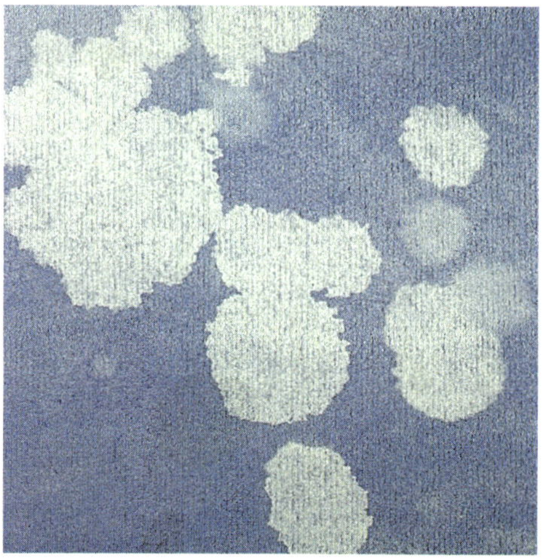

Die feuchten Stellen lassen sich abwaschen, indem Sie das Blatt in Wasser tauchen. Wenn Sie im Freien arbeiten, können Sie auch über die entsprechende Bildpartie Wasser schütten.

Gleichmäßig beleuchtete Gegenstände erscheinen durch Licht und Schatten plastisch und sind dadurch gut zu erkennen. Gegenstände dagegen, die nur durch einzelne Lichtstrahlen beleuchtet sind, werden in ihrem Formzusammenhang aufgelöst, und Licht und Schatten gewinnen ein abstraktes Eigenleben. Durch partielles Abwaschen läßt sich dieser „Verfremdungseffekt“ in die Aquarelltechnik übersetzen.

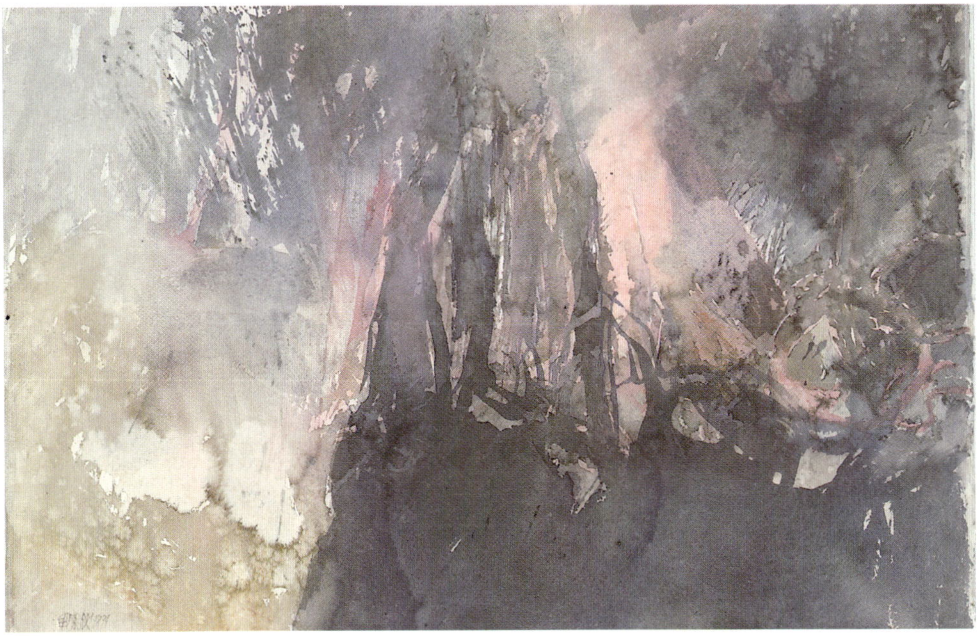

Tropischer Regenwald I und II,
jeweils 38 x 57 cm
Scheinwerferartig dringt die Sonne durch das Blätterdach hoher Bäume und das Dickicht. Ein eigenständiges Formenspiel von gleißendem Licht und tiefen Schatten legt sich über Äste, Laub und Wurzelwerk. Diese Wirkung wurde durch Feuchthalten einiger Stellen erreicht, die anschließend ausgewaschen wurden.

Weißmethode III: Entfernen trockener Farbe

Selbst wenn die Farbe bereits trocken ist, kann sie wieder entfernt werden. Ich empfehle aber, diese radikale Methode nur ausnahmsweise bei einer unbedingt notwendigen Korrektur oder einer ganz spezifischen Gestaltungsabsicht anzuwenden, da die Papieroberfläche in Mitleidenschaft gezogen wird und eine anschließende Überarbeitung kaum mehr möglich ist.

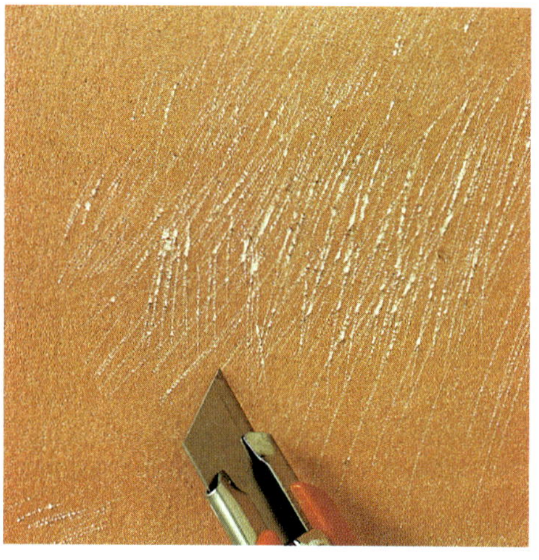

***Hügel von Corsano**, 38 x 27 cm*

Die gelben Lasurschichten des Hügels wurden mit dem Taschenmesser stellenweise abgeschabt, um das gleißende Sonnenlicht auf den Weizenfeldern wiederzugeben.

Mit der Klingenspitze wurden aus den dichten Pinselspuren des Vordergrundes helle Lichtreflexe herausgekratzt.

Auskratzen

Mit der scharfen Klinge eines Cutters lassen sich sehr dünne Linien herauskratzen.

Abbürsten

Wenn Sie auf die getrocknete Farbfläche etwas Wasser einwirken lassen, wird die Farbe wieder angelöst und läßt sich von stärker geleimten Papieren (z. B. Fabriano 100 % cotton) mit Borstenpinsel oder Zahnbürste mühelos entfernen.

Schmirgeln

Mit feinem Sandpapier läßt sich die Farbe von den Erhebungen des gekörnten Aquarellpapiers abschmirgeln, während sie in den Vertiefungen stehen bleibt. Dadurch bekommt die Farbfläche eine helle Struktur.

Abschaben

Wenn Sie die Farbe mit der flach gehaltenen Klinge eines Taschenmessers abschaben, erhalten Sie eine ähnliche Wirkung wie mit Sandpapier. Mit der Klingenspitze sind hier zusätzlich kleine Flächen herausgekratzt worden, die ähnliche Strukturen ergeben wie mit trockenem Pinsel am unteren Bildrand.

***Gasse auf Simi**, 17 x 20 cm*

Hier ist die rechte Hauswand abgeschmirgelt worden, damit der Verputz leicht verwittert erscheint. Gleichzeitig wurde mit dem Sandpapier die Richtung des Fenstersturzes und der Leibungen korrigiert.

Weißmethode IV: Abdecken

Mit Maskierflüssigkeit, Klebefolie, Papierschablonen oder mit Wachskreide können die Stellen, die weiß ausgespart bleiben sollen, als Positivformen abgedeckt werden.

Vorsicht! *Benutzen Sie einen älteren Pinsel und reinigen Sie ihn nach Gebrauch sofort mit Wasser, weil sich die gummiartige Lösung nach dem Trocknen schlecht aus den Pinselhaaren lösen läßt.*

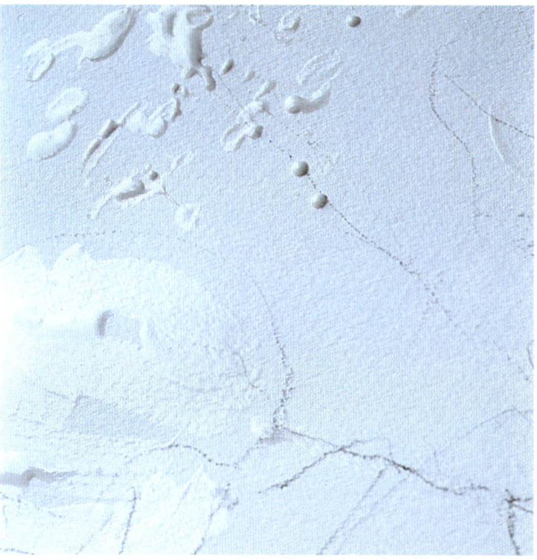

Maskierflüssigkeit (Rubbelkrepp) wurde mit dem Pinsel aufgetragen.

Großzügig kann jetzt über das ganze Blatt grundiert werden. Die Maskierflüssigkeit muß dabei vollkommen trocken sein, damit die Lasurfarbe nicht unter die Abdeckung sickert.

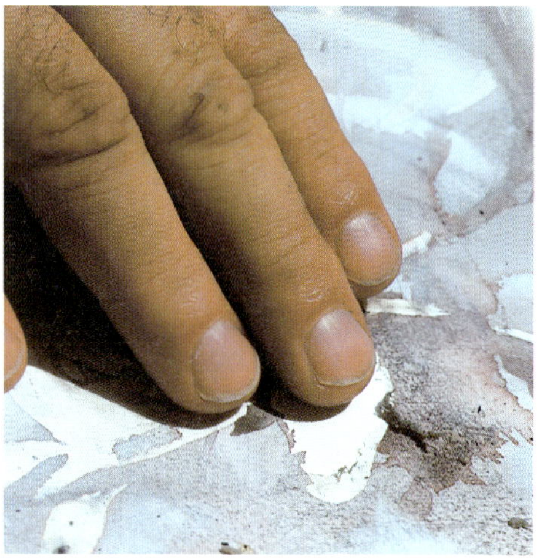

Wenn die Lasur trocken ist, kann die Maskierflüssigkeit einfach mit den Fingerspitzen abgerubbelt werden. Sie löst sich in Krümeln vom Papier.

Unter der abgelösten Abdeckung kommen die weißen Formen – auch feinste Details – klar zum Vorschein.

Maskierflüssigkeit
Vorteil: Die Stellen, die ausgespart bleiben sollen, können zunächst „positiv" mit der Maskierflüssigkeit gemalt werden und müssen nicht mit dem Pinsel umfahren werden. Deshalb können auch feine Details gestaltet werden. Nachteil: Weil die Abdeckung in einer anderen Technik ausgeführt wird, können die ausgesparten Formen neben der Aquarellfarbe als Fremdkörper wirken.

Papierschablone
Hier entfallen die Trocknungszeiten zwischen den einzelnen Schritten. Allerdings können keine feinen Details ausgespart werden. Diese Methode lädt zum Experimentieren ein: Es entstehen die unterschiedlichsten Effekte, je nachdem, ob das Papier gerissen oder geschnitten, ob saugfähiges oder stärker geleimtes Papier verwendet wird.

Damit die abgedeckten Stellen nicht als weiße „Löcher" im Bildzusammenhang erscheinen, werden sie in der Regel mit weiteren Farbschichten überarbeitet.

Die Papierschablonen in Flaschenform sind aus dünnem Ingrespapier geschnitten. Sie heben sich deutlich von dem helleren Grund ab, weil sie beim Lavieren viel Farbe aufgesaugt haben.

Hier wurden die Schablonen entfernt. Die abgedeckten Formen blieben nur teilweise weiß ausgespart, weil Farbe durch die Schablonen sickerte.

Der Zufallseffekt der Weißaussparungen wird in der anschließenden Ausarbeitung genutzt, um die Durchsichtigkeit und die Reflexe der Glasflaschen darzustellen.

Beachten Sie, daß sich das Klebeband von der Oberfläche schwach geleimter Aquarellpapiere schlecht lösen läßt und bei grobkörnigem Papier Farbe unter die Abdeckung sickern kann.

Klebeband *(z. B. Tesafilm)*
Unten sind die Klebestreifen entfernt, und die scharfen Konturen werden mit dem Pinsel aufgeweicht.

Wachs oder Stearin
Hier wurden Linien mit einer Stearinkerze aufgetragen. Die Abdeckung mit der darauf perlenden Aquarellfarbe bleibt dabei erhalten.

Balinesisches Stilleben,
50 x 35 cm
Auf diesem Stilleben ist ein mit Früchten und Reiskuchen gefüllter Opferkorb für ein hinduistisches Fest dargestellt. Um die Papierdekoration der Opferkörbe darzustellen, wurde mit gerissenen Papierstreifen abgedeckt. Die gerissenen Konturen sind noch deutlich zu erkennen (Detail rechts), obwohl die abgedeckten Stellen anschließend mit Farbe überarbeitet wurden.

Diese beiden Aquarelle zeigen die unterschiedliche Wirkung von positiven, direkt mit dem Pinsel gesetzten und negativen ausgewaschenen Formen.

***Ebbe**, 30 x 40 cm*
Auf einem flachen strandnahen Korallenriff der Insel Langkawi bleiben bei Ebbe spiegelnde Wasserlachen stehen. Im Aquarell sind sie als helle Negativ-Formen zwischen der kompakten Farbigkeit des felsigen Riffs ausgespart und ausgewaschen.

***Flut**, 30 x 40 cm*
In einer Bucht ragen bei Flut einige Felsen aus dem Meer. Im Gegenlicht leuchtet die spiegelglatte Wasserfläche blendend weiß. Deshalb sind die Felsen als positive Pinselformen direkt auf den weißen Papiergrund gesetzt.

Graphische Effekte: Strukturen

Graphische Effekte können Spannung in die Komposition eines Aquarells bringen, wenn sie im Kontrast zu den ruhigen lasierten Farbflächen stehen. Die meisten hier gezeigten Strukturen entstanden durch Abdruck oder Abklatsch. Auch hier eröffnet sich ein weites Feld für Experimente. Sie können dazu alle möglichen Materialien ausprobieren. Die Abklatschtechnik mit ihrer faszinierenden Vielfalt an Zufallswirkungen ist durch Max Ernst unter der französischen Bezeichnung Décalcomanie bekannt geworden. Er setzte dieses Verfahren häufig ein, um Landschaften mit surrealistischer Vegetation darzustellen.

Stoffabdruck
Da Stofflappen die Farbe recht gut aufnehmen, eignen sie sich hervorragend für Abdrücke textiler Strukturen. Hier bildet sich die feine Gitterstruktur eines Vorhangstoffs ab, der sonst als Mallappen dient.

Papierabdruck
Abdrücke von zerknülltem Papier lassen sich vielfältig einsetzen; sie können an die Struktur von Baumrinde, an Felsen oder alte Mauern erinnern. Bei nicht saugfähigem Papier erhalten Sie zusätzlich einen Abklatscheffekt.

Abklatsch
Hier wird Farbe auf Papier aufgetragen, anschließend auf das Aquarellpapier gepreßt und sofort wieder abgezogen. Sie können auch Folie nehmen oder Farbe auf Glas auftragen und dann das Aquarellblatt aufdrücken und wieder abziehen.

Strukturen mit trockenem Pinsel
Wenn der Pinsel auf einem Fließpapier oder Lappen abgetupft wurde, entstehen viele haarfeine Linien, da die Pinselhaare die Farbe einzeln abgeben. So könnte z. B. Gras gemalt werden.

Zahnbürstenspritzer
Mit Hilfe einer Zahnbürste können sehr fein gesprenkelte Strukturen erzielt werden. Hier wird mit einem kleinen Passepartout abgedeckt, damit die Farbspritzer nur innerhalb des Rechtecks auf das Aquarellpapier gelangen. Auf diese Weise wurde auch die optische Mischung auf S. 58 hergestellt.

Pinselspritzer
Wenn Sie den Pinsel auf Ihren Zeigefinger aufschlagen, entstehen gröbere Spritzer als mit der Zahnbürste.
In dieser Technik entstanden die Farbspritzer der „Felsenküste", die den Eindruck von Vegetation vermitteln.

***Felsenküste**,*
30 x 39 cm

Graphische Effekte: Linien

Gezeichnete Geraden

Mit der Zeichenfeder lassen sich sehr feine Linien und mit zusätzlicher Hilfe eines Lineals exakte Geraden ziehen. Auf diesem Beispiel sind mit dem Pinsel zusätzlich Flächen laviert, um ausgesparte weiße Linien zu erhalten.

Gestempelte Geraden

Hier wurde die Kante eines Stücks Passepartout-Karton eingefärbt und auf das Aquarellpapier gestempelt.

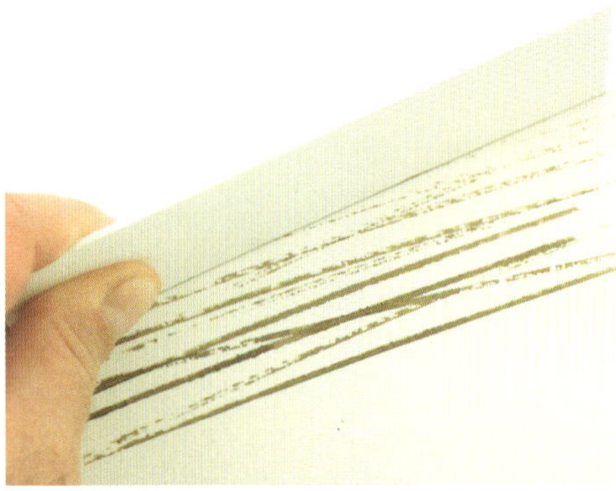

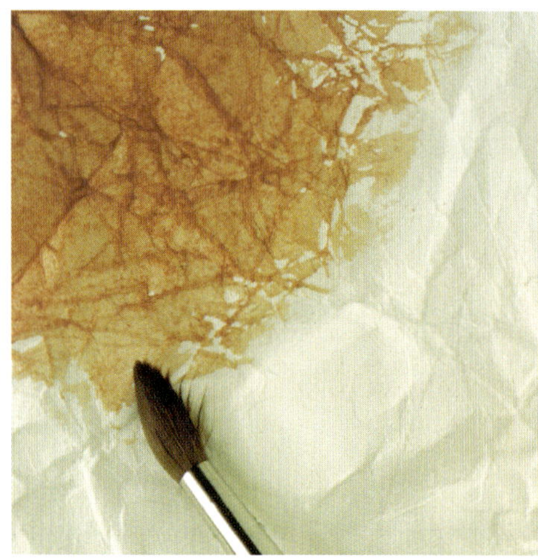

Pinselstiel-Linien

Mit dem Pinselstiel können Linien in das Aquarellpapier gedrückt werden, die sichtbar werden, weil sich in der leichten Vertiefung mehr Farbe sammeln kann. Für sehr feine Linien kann ein harter Bleistift verwendet werden.

Krakelee

Auf ein zerknülltes und wieder glattgestrichenes Ingrespapier wird Farbe lasiert. In den Knitterfalten sammelt sich etwas mehr Pigment. Dadurch hebt sich ein dunkles Liniengeflecht deutlich vom Grundton ab. Es erinnert an Sprünge (Krakelee) in Glasuren oder Firnisschichten (vergl. das Venedig-Aquarell auf S. 17).

Mit einem einzigen guten Rotmarderpinsel (mindestens Stärke 12) gelingt der spannungsreiche Wechsel von Flächen und Linien sehr gut: Mit der Pinselspitze entstehen Linien, mit dem Pinselbauch Flächen. Für Strukturen mit sehr feinen Linien, wie z. B. kleinen Ästchen, ist ein zusätzlicher Pinsel der Stärke 6 oder ein feiner Japanpinsel empfehlenswert. Diese klassische Technik hat in ihrer Ausdruckskraft gewisse Grenzen. Gleichmäßige oder straff gespannte Linien können mit der Pinselspitze nicht gezogen werden; hier helfen einige Tricks weiter.

Gespritzte Geraden

Diese Technik gelingt am besten mit einem Rotmarder-Rundpinsel. Er sollte mindestens die Stärke 12 haben. Wenn Sie den Pinsel knapp über dem Aquarellpapier mit einer blitzschnellen Bewegung aus dem Handgelenk heraus in eine bestimmte Richtung führen, wird Farbe aus der Quaste geschleudert. Mit etwas Übung erhalten Sie Geraden, die gespannt wirken. Achten Sie auf die Füllmenge! Wenn Sie zuviel Farbe aufgenommen haben, entsteht eine Reihe kleiner Kleckse.

Felsen von Sedona,
25 x 34 cm
Die horizontale Schichtung der Felsen ist mit gespritzten Linien wiedergegeben.

Mischtechniken

Mit unterschiedlichen Techniken zu experimentieren kann viel Spaß machen. Bedenken Sie aber, daß nicht jedes Experiment automatisch zu einem guten Ergebnis führt. In der Regel eignen sich mit den Aquarellfarben verwandte, ebenfalls wasserlösliche Farben, wie Gouache oder Tempera. In der Pinselzeichnung besitzt das Aquarell eine graphische Komponente, an die Mischtechniken mit Bleistift, Tusche oder Kreide direkt anschließen können.
Turner, dem wir viele hauchzart lasierte Aquarelle verdanken, kombinierte wie viele andere Aquarellisten mit Tusche oder mit Deckweiß, wenn er auf farbigen Papieren aquarellierte. Er hielt sich nicht an das Diktat der britischen „Water-Colour-Society" (siehe S. 11).

Die Puristen möchten die Wirkung der Transparenz und Leichtigkeit der aus dem Rotmarderpinsel fließenden Aquarellfarbe nicht durch andere Techniken beeinträchtigen. Sie haben Spaß daran, den Bildaufbau auf artistische Weise zu beherrschen und vorauszuplanen, so daß weißes Papier an den richtigen Stellen stehen bleibt und nicht am Schluß mit Deckweiß nachgebessert werden muß. Auch viele Künstler, die vor der Landschaft arbeiten, bevorzugen das reine Aquarell, weil sie sich unterwegs nicht mit zusätzlichen Utensilien belasten wollen.

Die Experimentierfreudigen wollen dagegen neue Techniken ausprobieren. Für sie spielt es keine Rolle, ob eine weiße Stelle stehengeblieben ist, ausgekratzt oder mit Deckweiß übermalt wurde. Wichtig ist für sie das Ergebnis, die Bildwirkung; dafür sind alle Mittel recht. Sie haben Spaß daran, zu experimentieren und auf künstlerische Entdeckungsreisen zu gehen. Dabei ist es jedoch ratsam, sich nicht in zu viele Abenteuer auf einmal zu stürzen. Werden viele unterschiedliche Techniken kombiniert, kann die Bildwirkung leicht in einem chaotischen „Mischmasch" untergehen.

Li aquarelliert,
26 x 21 cm
Mit Chianti lavierte Bleistiftzeichnung. Die rubinrote Farbe des Weins ist mit der Zeit ausgebleicht und erinnert jetzt eher an Kaffee.

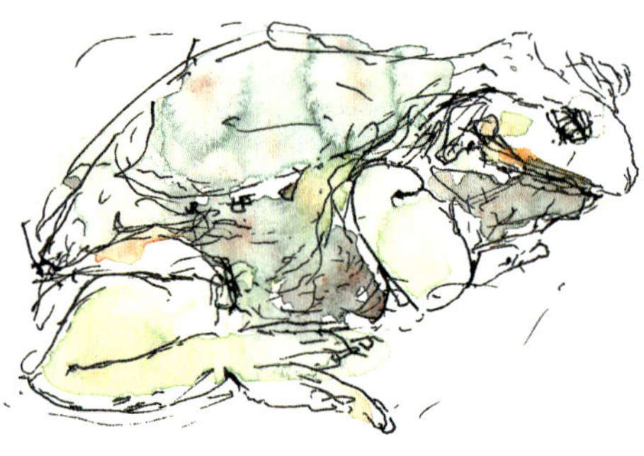

Beutelfrosch, *6 x 9 cm*
Mit Aquarellfarbe lavierte Tuscheskizze

Lavierte Zeichnungen

Beim Lavieren einer Zeichnung muß darauf geachtet werden, daß Farbflächen und Linien als selbständige Bildelemente zur Entfaltung kommen und doch wie in einer zweistimmigen Melodie zusammenklingen. Wird dagegen eine Zeichnung genau ausgemalt (koloriert), geht der Aquarellcharakter verloren.

Selbstverständlich können sowohl Bleistift- als auch Tuschzeichnungen laviert werden. Die Bleistiftzeichnung ist allerdings flexibler einsetzbar. Mit leichten Strichen dient sie als Vorzeichnung, und zu Flächen verdichtet kann sie eine Verbindung mit dem Aquarell eingehen.

***Landschaft bei Maria Laach**, 26 x 42 cm, Bleistift und Aquarell auf einer Skizzenbuch-Doppelseite*
Die Bleistiftlinien in den Wolken sind verwischt und im Buschwerk verdichtet. Dadurch entstehen hell- und dunkelgraue Flächen als Bindeglieder zwischen Zeichnung und Aquarell.

Aquarellkreide
Dem Farbcharakter eines Aquarells tragen Buntstifte oder farbige Kreiden am ehesten Rechnung. Sie werden häufig eingesetzt, um zu lavierten Flächen farbige lineare Akzente zu setzen. Eine Besonderheit sind Buntstifte oder Kreiden, die sich mit einem nassen Pinsel zu transparenten Farbflächen auflösen lassen.

Holzkohle und Tusche

Die Aquarelle „Steiniger Wald“ und „Verbrannter Wald“ entstanden bei Aix-en-Provence auf einer Exkursion mit Studenten. Der Förster, der uns in seinem durch einen großen Waldbrand zerstörten Revier aquarellieren sah, war darüber nicht sehr erfreut und wollte uns lohnendere Motive empfehlen. Für uns jedoch bot der Wald nicht nur einen traurigen Anblick, sondern auch reizvolle Formen und Farbklänge. Das Dunkelgrün der Tannennadeln stand neben braunen und schwarzen Farbtönen verdorrter und verkohlter Äste; dazwischen entfaltete sich schon das Gelbgrün frischer Triebe.

Das Motiv war auch für eine Mischtechnik mit Holzkohle und Tusche anregend. Dabei kam der Zufall zu Hilfe. Während einer Betrachtungspause riß mir ein Windstoß das Aquarell vom Zeichenbrett und wehte es in das verkohlte Unterholz, das seine Spuren auf der Komposition hinterließ.

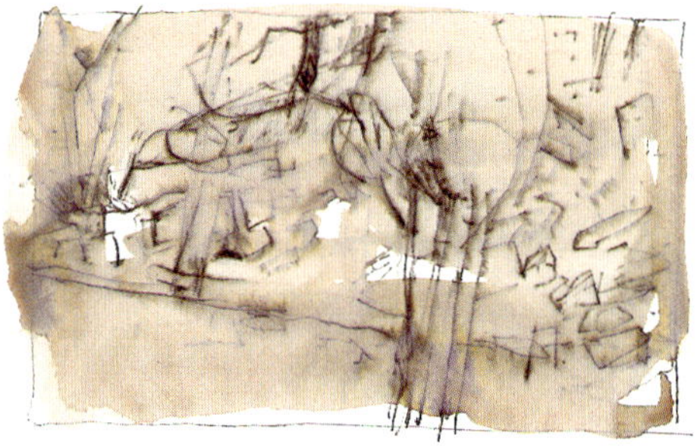

***Steiniger Wald**, 10 x 17 cm*
Die noch nicht vollkommen getrocknete Tuschzeichnung wird mit einer Aquarell-Lasur überzogen. Dabei löst sich die schwarze Tusche an mehreren Stellen in bläuliche und orangefarbene komplementäre Komponenten.

***Verbrannter Wald I**, 46 x 60 cm*
Mit der Holzkohle, die ich um mich herum finde, zeichne ich über das Aquarell. Im Gegensatz zur Aquarellfarbe, die sich in den Vertiefungen des Papiers sammelt, haftet die Holzkohle an den erhabenen Stellen.

***Verbrannter Wald II**, 34 x 50 cm*
Hier ist die Reihenfolge der Bearbeitung umgekehrt: Ich zeichne in die feuchte Lasur einige Zweige. Die Tusche verläuft und verbindet sich so optisch besser mit den aquarellierten Flächen.

Deckfarbe

Eine klassische Mischtechnik ist die Kombination mit der verwandten deckenden Wasserfarbe, der Gouache oder der Temperafarbe. Aber auch mit der wasserlöslichen Acrylfarbe, die allerdings wasserfest trocknet, ist eine Kombination gut möglich.

Bei diesem Blumenaquarell (Detail) wurde dunkelbraune Acrylfarbe deckend und transparent eingesetzt.

***Insel Quar**, 34 x 25 cm*
Um die Verkarstung der dalmatinischen Küste darzustellen, lege ich eine dünne Schicht Deckweiß über die Berge. Gleichzeitig wird die Tiefenwirkung verstärkt: Der Hafen rückt stärker in den Vordergrund, und die Berge treten etwas zurück.

Detail von „Verbrannter Wald II"

***Sun Rises**, Diane Roemer, 21 x 29 cm*
Diane Roemer experimentiert in ihren Aquarellkursen in der Provence mit Erdpigmenten, die sie dort vor allem in der Nähe der Ockerbrüche von Roussillon findet. Die Pigmente werden mit Gummiarabikum, dem Aquarell-Bindemittel, vermischt.

Regeln der Bildgestaltung

Kompositionslehre oder Gesetze der perspektivischen Darstellung gelten für alle Bereiche der graphischen und malerischen Gestaltung und sind nicht allein auf das Aquarell beschränkt. Deshalb sollen im Rahmen dieses Buches nur die wichtigsten Aspekte der allgemeinen Gestaltungslehre vorgestellt werden, die für den Einstieg in die Aquarellmalerei wichtig sind.
Für vertiefende Studien steht spezielle Literatur mit ausführlicheren Darstellungen zur Verfügung.

***Baumgruppe**, 17 x 24 cm*
Der fleckenhafte Aufbau wird durch eine strenge symmetrische Komposition zusammengehalten, die ihren Schwerpunkt in der Bildmitte hat.

***Verwilderter Garten**,*
35 x 49 cm
Hier sind die unruhigen Farbflächen bewußt gegen die Grundstruktur des Bildfeldes gesetzt. Dadurch entsteht der Eindruck, daß der Garten über die Bildgrenzen hinauswuchert.

Komposition

Ein Bild „einrichten“

Wenn Sie Ihr Zimmer einrichten, achten Sie darauf, wie Sie die Möbel plazieren und wie sie zueinander passen. Bei einer Bildkomposition machen Sie ähnliche Erfahrungen; an Stelle von Einrichtungsgegenständen plazieren Sie Bildgegenstände und setzen diese untereinander und zum Bildformat in Beziehung. Ein Bild komponieren heißt also ein Bild „einrichten“. Wie bei der Wohnungseinrichtung beachten Sie bei der Bildkomposition gewisse Grundregeln. Sie vermeiden z. B. ein zu großes Durcheinander, Sie stopfen Ihr Bild nicht einfach voll und achten darauf, daß der Bildzusammenhang gewahrt bleibt. Aus Einzelteilen wird also eine Bild-Einheit. Damit jedoch kein „Einheitsbrei“ entsteht, gilt die Faustregel: Die Komposition muß einen Schwerpunkt haben, der im Bildzusammenhang ausbalanciert ist.
Richtige oder falsche Kompositionen gibt es nicht. Sie hängen vom Stil der Zeit und von den Vorlieben des einzelnen Künstlers ab. Manche bevorzugen strenge Bildkompositionen, die wie sparsam eingerichtete Räume wirken, andere komponieren ihr Bild wie ein nicht vollkommen aufgeräumtes, aber gemütlich wirkendes Zimmer.
Noch bevor mit dem Malen begonnen wird, besitzt ein rechteckiges Bildfeld durch die vier Ecken und den vier senkrecht aufeinanderstehenden Begrenzungslinien bereits eine Kompositionsstruktur, die wie ein magnetisches Kraftfeld wirkt. Auf Kompositionen von Kindern im Grundschulalter ist dieses Kraftfeld gut zu beobachten, ebenso auf Mandalas, auf mittelalterlichen Altartafeln und Bildern der Frührenaissance. In der zeitgenössischen Kunst binden konstruktivistische Bilder ihre Komposition oft in das vorgegebene Format ein (vergl. „Lichtkreuz“ von Hanne Dittrich, S. 60). Alle diese Kompositionen strahlen Ruhe und Ordnung aus und sind in sich geschlossen. Im Extremfall verschmelzen Bildgegenstand und Format zu einem einheitlichen Zeichen. Je weiter sich Flächenaufteilung und Anordnung der Bildgegenstände von der Grundstruktur lösen, desto mehr Spannung und Dynamik bekommt die Komposition.

Auf diesem Bild eines achtjährigen Mädchens ist die Komposition der Grundstruktur des Bildfeldes angepaßt. Himmel und Wiese laufen als Streifen am oberen und unteren Bildrand entlang. Sonne, Korb und Blume sind auf die Ecken verteilt. Weil das Hündchen nicht bis in die linke obere Ecke reicht und somit aus dem vorgegebenen Kompositionsschema ausschert, gewinnt es an Bedeutung und gibt dem Bild Spannung und Dynamik.

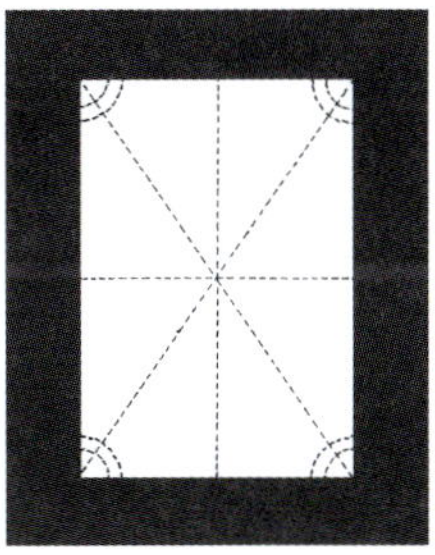

Kompositions-Grundstruktur
Die Anordnung von Bildgegenständen wird von den vier Ecken, den Diagonalen und der waagerechten und senkrechten Mittelachse beeinflußt.

Flächeneinteilung

Verschieben Sie ein Passepartout über zwei Farbflächen als einfache Übung, um die Wirkung unterschiedlicher Flächeneinteilungen zu erkunden. Die Komposition der Fläche spielt bei vielen Motiven eine entscheidende Rolle. In einem Stilleben bestimmt sie das Verhältnis von Tisch und Hintergrund, in einer Landschaft das Verhältnis von Fluß und Ufer oder Himmel und Erde.

Beobachten Sie die Wirkung der unterschiedlichen Kompositionen:

Eine waagerechte Einteilung können wir ohne weitere Bearbeitung akzeptieren, da sich unsere Raumerfahrung schwerkraftbedingt an einem waagerechten Horizont orientiert.

Eine senkrechte Einteilung schneidet das Bildfeld dagegen auseinander; sie verlangt deshalb in der Regel nach einer Verklammerung durch weitere Farben und Formen.

Wenn die Flächenaufteilung mit der Grundstruktur des Bildformats zusammenfällt, wie hier bei der Diagonalteilung, sind die Farbflächen nicht mehr autonom, und die Komposition verschmilzt mit dem Format zu einem einzigen Zeichen, das an ein Signal erinnert.

Goldener Schnitt

Schon seit der Antike gibt es Versuche, Kompositionen und Proportionen zu berechnen. Auf der Suche nach einer idealen ästhetischen Ordnung entdeckte der römische Architekt Vitruv den Goldenen Schnitt, der eine Strecke so aufteilt, daß der Unterschied der Teilstrecken zwar deutlich wahrnehmbar, aber nicht zu extrem ist; sie stehen deshalb in einem angenehmen Spannungsverhältnis zueinander. Aber auch der Goldene Schnitt kann nicht zu einem allgemeingültigen Kompositionsgesetz erhoben werden. Er ist nur eine Hilfskonstruktion, um eine harmonische Bildwirkung zu erzielen. Daneben gibt es Bildinhalte, die eher eine streng symmetrische oder eine exzentrische Einteilung erfordern.

Der Goldene Schnitt (G) teilt das Bildformat so auf, daß sich die Höhe der gelben Fläche zur Höhe der grünen Fläche wie diese zur Gesamthöhe verhält (die Strecke AG verhält sich zu GB wie GB zu AB). Wenn Sie die Gesamtlänge AB mit 0,618 multiplizieren, erhalten Sie die Länge der größeren Teilstrecke GB. Eine Strecke von 6 cm Länge wird z. B. durch den Goldenen Schnitt in zwei Abschnitte von 3,7 cm und 2,3 cm geteilt.

***Heckenrosen**, 32 x 44 cm*
Die auf dem Goldenen Schnitt basierende Trennlinie weicht etwas von der Senkrechten ab, um die Komposition dem Motiv entsprechend zu beleben. Dunkle Blätter in der lichten und helle Blüten in der schattigen Zone verschränken die ungleich großen Flächen. Dadurch wird die Komposition ausbalanciert.

Grundpositionen

Verschieben Sie ein Stück bemaltes Aquarellpapier in einem Rähmchen. Dabei bekommen Sie einen Blick dafür, wie entscheidend die Bildwirkung von der Position des Gegenstands abhängt (ruhig, labil, fliehend usw.). Beachten Sie, daß ein Bildelement auch teilweise vom Rahmen verdeckt werden kann.

Gastgeber, Gast und Diener

Um die Beziehungen der Bildgegenstände untereinander kennenzulernen, empfehle ich die „Gastgeber, Gast und Diener"-Anordnung (Shukakuju) aus der Kompositionslehre der japanischen Tuschmalerei. Ihrer Bedeutung entsprechend sind die drei Kompositionselemente unterschiedlich groß.

Legen Sie mehrere Kompositionen, auch solche, auf denen sich die Elemente überschneiden. Beachten Sie den Rhythmus, der durch unterschiedliche Größe und Distanz der Kompositionselemente entsteht.

***Rosen**, 67 x 45 cm*
Die große aufgeblühte Rose steht als dominante „Gastgeberin" in enger Beziehung zur „Gast-Rose" und in angemessener Distanz zur Knospe in der „Diener-Rolle".

Vom Motiv zum Bild

Die Kunst, eine Landschaft einzufangen

Sie sitzen beim Aquarellieren mitten in einer Landschaft, und vor Ihnen liegt ein leeres Blatt Papier, auf dem Sie Bäume und Berge nicht einfach wie Papierschnipsel hin- und herschieben können. Sie sind von der Weite der Landschaft und ihrer Stimmung überwältigt und sollen sich für einen bestimmtem Ausschnitt entscheiden und ihn auf ein paar Quadratzentimetern einfangen. Ein Motivsucher oder der Bildsucher Ihrer Kamera, durch den Sie Ihre Umgebung „abtasten" können, bietet jetzt eine große Hilfe. Legen Sie sich aber nicht voreilig fest. Oft verbergen sich hinter unspektakulären Blickwinkeln spannende Kompositionen.

Ein Motivsucher kann helfen eine Komposition zu finden: Entscheide ich mich für ein Hoch- oder Querformat? Wo liegt der Horizont? Wo werden die Bildelemente vom Format angeschnitten?

Der klassische Motivsucher besitzt Rasterlinien, mit deren Hilfe die Position eines Motivs besser auf das Bildformat übertragen werden kann. Ebenfalls geeignet sind kleine Passepartouts oder Diarähmchen, die für unterwegs sehr handlich sind. Mit einem zweiteiligen Rahmen kann durch Verschieben das Format verändert werden.

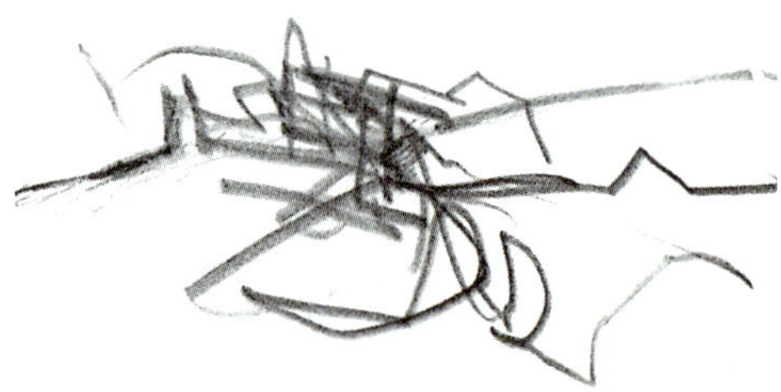

Halten Sie zunächst in Ihrem Skizzenbuch einige "Grundrisse" für die Komposition fest.

***Roccatederighi I**, 34 x 49 cm*
Weil die Kompositionsachsen nur wenig von den Mittelachsen abweichen, entsteht ein ausgeglichenes Kompositionsschema mit vier gleichgewichtigen Bildelementen: im Hintergrund links der Burgberg, rechts der Ausblick in die Ebene, im Vordergrund links der rötliche Acker, rechts die Obstbaumwiese.

***Roccatederighi II**, 34 x 49 cm*
In der zweiten Variante ist der Horizont nach unten auf die Linie des Goldenen Schnitts verschoben. Dadurch wird die Weite des Ausblicks betont und Raum für die Wolkenstimmung gewonnen.

***Roccatederighi III**, 34 x 49 cm*
Hier liegt der Horizont wieder höher und die vertikale Kompositionsachse auf dem Goldenen Schnitt. Dadurch beherrscht der Berg mit den weiß ausgesparten Häusern die Landschaft. Auswaschungen deuten Wind und Wolken an. Zusammen mit den dunklen Baumschatten im Vordergrund entsteht eine dramatische Stimmung.

Die Kunst, eine Landschaft zu manipulieren

Mit Bleistift und Farben können Sie eine „eingefangene“ Komposition verändern, indem Sie z. B. Bäume weglassen oder versetzen. Oft ist ein Vergrößern notwendig, um einem Landschaftsbild im Vordergrund einen Abschluß zu geben. Sie können dabei ähnlich vorgehen wie bei den Kompositionsübungen und zuerst ein Stück Papier oder ein paar Grashalme auf dem Bild verschieben, bevor Sie sich mit dem Pinsel festlegen. Durch solche Manipulationen könnten Sie eine Landschaft vollkommen neu nach Ihren Vorstellungen zusammenstellen (komponieren), so wie es in der digitalen Bildverarbeitung inzwischen möglich ist.

Vor dieser Landschaft mit Blick in die Maremma-Ebenen der südlichen Toskana entstand das „manipulierte“ Aquarell.

***Maremma**, 34 x 49 cm*

Der Baum links wurde stark vergrößert, um ein Gegengewicht zu den ansteigenden Hügeln rechts zu schaffen. Gleichzeitig verklammert er die horizontalen Landschaftsschichten und steigert die Bildtiefe durch die Betonung des Vordergrunds.

Aus einem wenig romantischen Motiv, einer Bimsstein-Halde in der Eifel, kann mit Aquarellfarben ein buntes Gebirge gezaubert werden. Ganz willkürlich ist die „Manipulation" jedoch nicht. Der Landschaftsaufbau und die Struktur der Halde bleiben grundsätzlich erhalten. Der braun-grüne Farbklang wird in der Grundierung in einen verwandten rot-gelben Klang übertragen. In einem weiteren Schritt wird die Halde mit dunkleren Tönen und Grau ähnlich differenziert dargestellt, wie sie in Wirklichkeit ist.

Mulino Piermaggiore – Variationen eines Motivs

Abstraktion und Illusion
– ein wenig Philosophie –
Von der Wirklichkeit gelangen wir über einen Abstraktionsprozeß zum Bild. Der Begriff „abstrakt" ist vom lateinischen abstrahere (abziehen, wegreissen) abgeleitet und bedeutet, daß von der sichtbaren Wirklichkeit etwas „weggerissen" wird, wenn wir sie auf ein Bild übertragen; sie wird reduziert und umgestaltet. Zum Beispiel besitzt auch eine realistisch gemalte Landschaft schon deshalb einen gewissen Abstraktionsgrad, weil der dreidimensionale Tiefenraum auf der Bildfläche nur als optische Täuschung existiert. Genau genommen sehen wir also keine reale Landschaft, sondern nur eine Illusion.

Selbst auf einem Foto haben wir streng genommen eine Reduktion der Wirklichkeit, also eine Abstraktion vor Augen. Von dieser Wand der Mulino Piermaggiore, einer alten Mühle in der Toskana, vom Raum hinter der Türe, vom rauhen Putz, dem Duft der Kletterrosen und der Hitze des Sommers ist nur noch ein kleiner Ausschnitt auf einem flachen Blatt Papier übrig.

Hier steht das illusionistische Volumen des Balkens und das detailliert ausgearbeitete Handtuch in Kontrast zu den zu Flecken aufgelösten Pflanzen.

Beim Betrachten eines Motivs mit zugekniffenen Augen lösen sich die Details wie auf diesem unscharfen Photo auf, und wir erkennen die Verteilung der Farbflecken besser.

Bilder aus Farbflecken

Da wir unmöglich Stein für Stein der alten Mauer oder Blatt für Blatt der Kletterrosen malen können, müssen wir vereinfachen und uns auf Teilaspekte konzentrieren!

Der Impressionist Claude Monet empfahl 1889 einem amerikanischen Künstler: „Wenn du in der Natur malst, versuche zu vergessen, welche Objekte du vor dir hast – einen Baum, ein Haus, ein Feld oder was auch immer. Stell dir besser vor, hier ist ein kleiner Fleck blauer Farbe, hier ein rotes Rechteck, dort ein gelber Streifen, und male dies genauso, wie du es siehst, die präzise Farbe und Form, bis du den eigenen einfachen Eindruck der Szene vor dir hast."

Wenn wir uns an diese Empfehlung halten, machen wir die paradoxe Erfahrung, daß die Ergebnisse oft überraschend realistisch wirken. Das liegt vermutlich daran, daß wir mit den Objekten auch die Klischeevorstellungen, die wir von diesen haben, „vergessen" und ihre tatsächliche Form besser erfassen.

Weglassen, Vereinfachen und Vergessen sind die wichtigsten Grundregeln beim Übertragen eines Motivs aus der Natur.

Aussparen heller Formen und Verzicht auf Details sind in den Anfangsphasen wichtig. „Unscharfes" Sehen hilft dabei, die wichtigen hellen Stellen herauszufiltern.

Auch für das Einsetzen der Schatten in unterschiedlichen Verdünnungsgraden von Kobaltblau ist die Methode des „unscharfen" Sehens hilfreich.

Wäsche, Türe und Pflanzen sind nicht wirklichkeitsgetreu abgezeichnet und ausgemalt, sondern direkt als Farbflecken gesetzt. Aus der Distanz wirken diese überraschend „realistisch".

Bildkonzept oder Bildidee

Die alte Hauswand ist als Motiv sehr anregend, da sie vielfältige Formen und Kontraste bietet. Um von der Vielfalt nicht verwirrt zu werden, ist besonders hier ein Konzept wichtig, das auswählen und Schwerpunkte bilden hilft. Da neue Ideen oft während des Malens entstehen, ist es vorteilhaft, in einer Serie zu arbeiten, um neue Aspekte entdecken und in die Sprache des Aquarells übersetzen zu können: den abblätternden Putz, die Kletterrosen, die Kontraste von Licht und Schatten usw.

Die Türe ist unten angeschnitten; sie rückt dadurch näher zum Betrachter und führt als Kompositionselement in das Bild hinein. Durch den dunklen Schatten entsteht Raumillusion. Die pflanzlichen Strukturen sind dagegen stark abstrahiert.

Bereits beim oben abgebildeten Aquarell gibt die rotbraune Türe den Ton an und führt zu einer weiteren Bildidee. Neben den pflanzlichen Strukturen werden auch die architektonischen Elemente stark abstrahiert, zusammengerückt und in leuchtenden Farbakkorden gesteigert. Die Bildwirkung beruht jetzt auf dem Kontrast der architektonischen Farbflächen zu den aufgelockerten pflanzlichen Strukturen.

Überfluß und Reichtum an Farben und Formen müssen in keinem Widerspruch zur Abstraktion stehen. Abstrahieren bedeutet Weglassen von Details und Reduzieren der Sinneseindrücke auf elementare Formen – dabei kann es im Extremfall zu einer „Verarmung“ des Bildes kommen; durch die Reduktion besteht aber auch die Chance, die entstandenen „Leerstellen“ mit farbigen Umdeutungen der Wirklichkeit neu zu füllen. Eine abstrakte Bildgestaltung kann dann durchaus einen Überfluß an Formen und Farben besitzen.

Hier sind Sträucher und Wand in einen Kontrast von üppiger Pinselzeichnung und leeren wässrigen Farbflächen übersetzt.

Die expressive farbige Umgestaltung der Mühlenwand ist zunächst ein Abstraktionsprozeß; das warme leuchtende Gelb erzielt gleichzeitig die Illusion eines heißen toskanischen Sommertags.

Die graugrünen und graubraunen Farbnuancen der Mauersteine gaben die Anregung zu einem Aquarell mit frei gesetzten Farbflecken.

Kontraste

Kontraste sind die wichtigsten Gestaltungsgesetze bei der Übertragung eines Motivs aus der Realität in die abstrakte Formen- und Farbenwelt eines Bildes. Sie gehören zu den Grundgesetzen der bildnerischen Grammatik und gliedern ein Bild in ein lebendiges Ganzes. Ohne Kontraste wäre ein Bild ein langweiliger Einheitsbrei.

Balinesisches Opfergesteck, *31 x 23 cm*
Mehrere Kontraste nebeneinander entsprechen der Fülle dieses Opfergestecks.

Kontrast von Linie und Fläche

Komplementärkontrast rot-grün

Rund-Eckig-Kontrast

Formkontraste:
Groß-klein, dick-dünn, rund-eckig, linear-flächig, dicht-aufgelöst.
Farbkontraste:
Hell-dunkel, bunt-unbunt, warm-kalt, komplementär (Farbenpaare, die sich auf dem Farbensechseck gegenüberliegen, wie z. B. Grün und Rot).

Opferschalen,
31 x 23 cm
Aufgelöste Formen stehen in Kontrast zu den runden Opferschalen. Der Hauptklang Orange-Blau ist gleichzeitig ein Warm-Kalt- und ein Komplementär-Kontrast.

Pulau Purau, *38 x 57 cm*
(Verdichtung und Leere als Kompositionskontrast) Auffallend ist hier die weite zentrale Fläche, die in Kontrast zu den dicht gesetzten Felsen am Bildrand steht. Zusätzlich kontrastieren Fülle am oberen Rand zu Vereinzelung unten und scharfkantige Felsformen zu abgerundeten.

Raumillusion

Die einfachsten Mittel, um räumliche Tiefe auf der flachen Oberfläche eines Blatt Papiers entstehen zu lassen, sind Überschneidung und Größenprogression (allmähliches Vergrößern oder Verkleinern von Formen und deren Abständen).

Überschneidungen
Die sich überschneidenden Baumformen erwecken den Eindruck von Tiefenstaffelung. Eine Skizze vor dem Aquarellieren ist in diesem Fall besonders hilfreich, um die Bäume klar voneinander abzugrenzen.

Größenprogression
Die kleineren und enger stehenden Pappeln wirken fern, die größeren und weiter auseinander stehenden dagegen nahe.
In diesem Beispiel wird die Tiefenwirkung durch Überschneidungen verstärkt. Das überschnittene dunkle Flußufer rückt in den Hintergrund, die großen Baumstämme treten in den Vordergrund. Sie scheinen besonders nahe, weil sie zusätzlich den Rahmen sprengen.

Flußlandschaft,
25 x 35 cm

Linearperspektive

Die Linearperspektive ist eine Methode der darstellenden Geometrie, um die Größenprogression genau zu konstruieren, und wird in der Regel bei architektonischen Motiven angewandt. Nach folgenden vier Faustregeln läßt sich diese Methode auch ohne genaue Konstruktion mit dem Lineal anwenden:

Regel I: Die entscheidende Hilfslinie ist die Horizontlinie. Wenn Sie geradeaus blicken, durchschneidet eine imaginäre waagerechte Ebene in Augenhöhe den Raum. Diese Ebene können Sie in Ihrem Bildausschnitt als Horizontlinie markieren. Nur bei ebenen Landschaften und weiten Wasserflächen deckt sie sich mit dem Horizont der Natur.

Regel II: Die Linie eines Gegenstands, wie z. B. eine Tisch- oder Häuserkante, die in der Realität waagerecht in die Tiefe führt, wird auf der Bildebene in Richtung Horizont gezogen.

Regel III: Mehrere Linien, die in der Realität parallel verlaufen und waagerecht in die Tiefe führen, wie z. B. die Ober- und Unterkanten von Häusern oder die Begrenzungslinien einer Straße oder eines Kanals, laufen in ihrer Verlängerung strahlenförmig in einem Fluchtpunkt auf der Horizontlinie zusammen. Ein Straßenzug, in dem alle Häuser parallel stehen, hat deshalb nur einen einzigen Fluchtpunkt. Häuser in einem alten Dorfkern dagegen, die kreuz und quer stehen, brauchen alle eigene Fluchtpunkte.

Regel IV: Bei einem über Eck stehenden Objekt „fluchten" die beiden sichtbaren Seiten zu zwei Fluchtpunkten, die meist außerhalb des Bildrahmens liegen.

Rio della Avogaria

Der Zeichner stand auf einer Brücke, die in derselben Höhe über den kleinen venezianischen Kanal führt wie die Brücke auf der Skizze. Die Augenhöhe liegt deshalb knapp oberhalb der Brückenbrüstung (punktierte Horizontlinie H nach Regel I).
Die Pfeile verdeutlichen die Richtung der perspektivischen Linien: Unter dem Horizont liegende Linien führen in der Skizze zu ihm „hinauf", über dem Horizont liegende zu ihm „hinunter" (nach Regel II).
Parallel in die Tiefe führende Linien treffen sich im zentralen Fluchtpunkt F (nach Regel III).
Die Linien des über Eck stehenden Hauses im Hintergrund fluchten zu zwei außerhalb der Skizze liegenden Punkten F1 und F2 (nach Regel IV).

Luftperspektive

Auf diesem Foto, das die Hügel bei Montalcino zeigt, beobachten Sie ein Phänomen, das in jeder Landschaft auftaucht. Mit zunehmender Entfernung werden die Hügel wegen der dazwischenliegenden Luftschichten bläulicher; außerdem nehmen die Hell-Dunkel-Kontraste ab und die Strukturen der Bäume und der Felder verschwimmen allmählich.

***Monument Valley**, 25 x 34 cm*

Um eine Raumillusion zu erreichen, werden mit zunehmender Entfernung blassere Farbtöne gewählt. In der Ferne hat sich das Rot der Felsen in ein zartes Blau verwandelt. Die Tiefenwirkung wird durch dunkle und warme Farbtöne im Vordergrund und die überschneidende Staffelung der Felsformationen verstärkt.

***Seeufer**, 34 x 25 cm*
Dunkel strukturierte Farbflächen treten in den Vordergrund; helle, in feuchten Grund gesetzte Farbflächen mit unscharfen Rändern in den Hintergrund.

Strand auf Rhodos,
25 x 34 cm
Strand und Felsen wurden zunächst mit leuchtenden warmen Farbtönen in Hell-Dunkel-Kontrasten gemalt. Durch die nachträglich ausgewaschenen Sträucher, die hell und schemenhaft wirken, entsteht eine zweite Raumschicht.

Licht und Schatten

Licht und Schatten können stimmungsvolle Landschaften zaubern: tropische Strände oder kühle Wälder mit flimmernden Lichtreflexen.
Außerdem sind Licht und Schatten ein wichtiges bildnerisches Mittel, um dem Betrachter die Illusion von Körper und Raum zu verschaffen. Ein Krug, in einheitlichem Farbton gemalt, wirkt flach, in einer Hell-Dunkel-Modulation dagegen plastisch, da wir gewohnt sind, bei Körpern eine Licht- und eine Schattenseite zu sehen.

***Krug**, 44 x 31 cm*
Da die blaugraue Salzglasur glänzt, erhält der Krug keinen gleichmäßigen Hell-Dunkel-Verlauf; zwischendurch bleiben hellere Stellen als Lichtreflexe stehen. Durch den Schlagschatten rechts unten entsteht die Illusion einer räumlichen Ebene, auf welcher der Krug zu stehen scheint.

Chemuyil I und II,
34 x 24 cm
Obwohl die beiden Strandlandschaften in Farbflecken aufgelöst (abstrahiert) sind, bekommen sie durch das plastische Modellieren der Felsen mit Licht und Körperschatten und durch die Schlagschatten der Bäume realistische Züge. Dabei ist unter der tropischen Sonne der Hell-Dunkel-Kontrast besonders stark ausgeprägt.

Mannigfaltigkeit

Den Gesetzen der Bildgestaltung übergeordnet ist das Prinzip der Mannigfaltigkeit (Diversifikation).
Wir neigen beim Malen leicht dazu, Formen und Farben in der Art eines Tapetenmusters zu vereinfachen und zu wiederholen. Deshalb muß der Mannigfaltigkeit von Form und Farbe besondere Aufmerksamkeit geschenkt werden.

Flammenstrauch,
39 x 30 cm
Um den Eindruck üppiger Vegetation zu vermitteln, sind die Blätter vielfältig gestaltet: groß und klein, schmal und breit, in die Bildebene gedreht und in perspektivischer Verkürzung, deutlich und verschwommen und in vielen Rotnuancen unterschiedlicher Leuchtkraft.

Themen

Landschaft und Blumenstilleben als die nach wie vor beliebtesten Motive stehen im Mittelpunkt dieses Kapitels. Schon die ersten eigenständigen Aquarelle der Kunstgeschichte von Albrecht Dürer (1471–1528) hatten die Natur zum Thema, und die Natur ist bis heute für Künstler, die sich auf das Aquarell spezialisiert haben, eine wichtige Quelle der Inspiration geblieben.
Die in diesem Kapitel verwendeten Begriffe der Aquarelltechnik wurden in den vorhergehenden Kapiteln erläutert.

Landschaft und Architektur

„Du mußt Deine Kompositionen nicht von Gegenständen herleiten, sondern von Farben, Flecken, Gesten, Formen und Linien und aus denen das Gegenständliche heraus entwickeln; das ist der ganze Witz.“ Franz Marc

Als Paul Klee und August Macke im April 1914 zu ihrer legendären Tunesienreise aufbrachen, hatten sie selbstverständlich Aquarellfarben im Gepäck. Dieser Reise haben wir einen bedeutenden Aquarell-Zyklus zu verdanken, dessen abstrakte Landschaften einen am Kubismus orientierten Aufbau mit einer expressiven Farbigkeit verbinden.

Gebaute Landschaft
Da August Macke das Komponieren mit den leuchtenden Farbflächen wichtiger nahm als die genaue Wiedergabe der gesehenen Landschaft, weicht er an vielen Stellen von der Vorzeichnung ab (gut an der Giebelfront des Hauses rechts zu beobachten).

St. Germain bei Tunis,
August Macke, 1914, 26 x 21 cm

Landschafts-Stenogramm

Schritt für Schritt?
Der Entstehungsprozeß von Landschaftsaquarellen kann nicht immer Schritt für Schritt dargestellt werden. Wind und Wetter verlangen zügiges Arbeiten, und die einzelnen Phasen gehen – oft im wahrsten Sinne des Wortes – fließend ineinander über. Lägen die einzelnen Schritte zeitlich zu weit auseinander, würde das Ergebnis nicht mehr wie „aus einem Guß" wirken, da sich Licht- und Wolkenstimmung im Tagesverlauf stark verändern.

***Eifel I**, 34 x 49 cm*

Auf den beiden Eifellandschaften sind schnell wechselnde Wolkenstimmungen eingefangen. Eine zügige Pinselschrift war zwischen den Regengüssen erforderlich, und trotzdem fielen einige Tropfen auf die Aquarelle, ihre Spuren sind noch gut zu erkennen.

***Eifel II**, 34 x 49 cm*

Schwäbische Alb –
Ein Landschaftsprotokoll

***Schwäbische Alb**, 35 x 50 cm*
Mit Hilfe eines Mal-Protokolls einer Studentin während einer Exkursion auf der Schwäbischen Alb soll ein nachvollziehendes Betrachten geübt werden:
Das Aquarellpapier, 300 g/m², wird mit einer Klammer auf dem Zeichenbrett gehalten (nicht aufgespannt!). Farbpalette: Ultramarin, Phthalogrün, Kadmiumorange, Chromgelb zitron, Karminrot. Zwei Pinsel werden verwendet: ein Verwaschpinsel (Nr. 22), um Wasser auf dem Papier zu verteilen und ein Rotmarderpinsel (Nr. 16) zum Malen.

Röntgenblick

Restauratoren durchleuchten alte Ölgemälde, um dem Arbeitsprozeß eines Künstlers auf die Schliche zu kommen. Auf dem Röntgenbild werden die einzelnen Farbschichten sowie nachträgliche Korrekturen sichtbar.
Ein mit transparenten Aquarellfarben gemaltes Bild ist bereits „durchleuchtet“. Sein Entstehungsprozeß kann deshalb mit etwas Erfahrung auch ohne Schritt-für-Schritt-Darstellung rekonstruiert werden.

1. Zu Beginn wird mit einem sehr wässrigen Blau, das vorher auf ein Probeblatt aufgetragen wurde, laviert. In der noch feuchten Lavierung werden dunklere Farbtöne moduliert.

2. Helle Straßen- und Wegebänder werden mit der Fließpapierkante ausgetupft oder mit dem trockenen Pinsel aufgesaugt. Mit der Kante eines Stücks Aquarellkarton werden gerade Linien aufgestempelt, die an einigen Stellen nachträglich aufgehellt werden.

3. Farblachen werden verteilt, indem das Zeichenbrett mit der Seitenkante auf den Boden gestoßen wird. Mit einem dünneren Pinsel (Nr. 12) wird dunkelgrüne Farbe in Richtung Bildmitte ausgeschlagen: Es entstehen gespritzte Linien als gerade Feldbegrenzungen.

4. Nach einer längeren Betrachtungspause werden kleinere Flächenabschnitte bearbeitet: Farbe wird mit dem Lappen abgetupft, mit dem Pinselstiel werden kleine Farbrinnen gezogen.

5. Betrachtung aus größerer Distanz: Die hinteren Berge erscheinen zu dicht. Mit viel Wasser und Lappendruck wird Farbe entfernt, und zum Schluß werden die Waldränder verstärkt.

Landschafts-Sequenz: Stimmungen

Wenn Sie gewohnt waren, mit deckenden Farben zu malen, könnte es Sie stören, daß ein Aquarell kaum überarbeitet werden kann. Die intensive Auseinandersetzung mit einem Motiv können Sie jedoch auch durch die Erarbeitung einer Bildreihe (Sequenz) erreichen.

Farbe als Stimmungsträger

Wechselhaftes Wetter verleiht der Landschaft mit Ausblick auf die Ebene der Maremma einen labilen Charakter. In einer Aquarell-Serie wurde versucht, die wechselnden Stimmungen mit unterschiedlichen Farbakkorden einzufangen. Dabei gibt es zwei Möglichkeiten, Farbe als Stimmungsträger einzusetzen: Sie können die Landschaft über einer Lavierung aufbauen, die den Grundton „anstimmt", oder Sie bestimmen einen Farbton, der sich in unterschiedlichen Mischanteilen durch alle anderen Farben der Landschaft zieht.

***Maremma I**, 34 x 49 cm*
Die durch hochnebelartige Bewölkung gefilterte Sonne bestimmt diese Landschaft. Ich dämpfe das Licht durch Komplementärmischungen und wähle als Grundakkord Siena gebrannt, Ultramarin und Phthalogrün.

***Maremma II**, 34 x 49 cm*
In dieser an einem kühlen Morgen entstandenen Version sind vermehrt helle Grautöne eingesetzt. Trotz des tieferliegenden Horizonts bleibt der Eindruck eines erhöhten Betrachterstandpunkts erhalten, weil die dreiteilige Staffelung vom ersten Bild übernommen wurde. Im Vordergrund ist der Abhang angeschnitten, dahinter gehen die Hügel in die Ebene über, und in der Ferne schließt die Landschaft wieder mit Bergen ab. Über der Landschaft bleibt jetzt viel Platz für die Wolkenstimmung.

Detail von „Maremma II"
Gerade verlaufende Straßen sind als topographische Details ausgespart, um die Wirkung der in die Bildtiefe führenden Ebene zu verstärken.

***Maremma V**, 34 x 49 cm*
In einer letzten Version übertrage ich diese toskanische Landschaft in sommerlich warme Farbklänge, die von Indischgelb und Siena gebrannt dominiert werden. Der blaue mediterrane Himmel ist über dem Horizont durch den Dunst des nahen Meeres strahlend weiß.
Um die Leichtigkeit der weiten Landschaft nicht zu stören, verzichte ich auf dunkle Akzente. Von den Olivenbäumen, den Zypressen und der Bergfeste im Hintergrund bleiben nur noch Andeutungen.

Landschafts-Sequenz: Abstraktion

Wie bereits im letzten Kapitel ausgeführt wurde, gehört die Abstraktion zu den wichtigsten Gestaltungsmitteln, um von den vielfältigen und oft überwältigenden Sinneseindrücken zu einem Bild zu gelangen. Wollen Sie eine Landschaft abstrahieren, müssen Sie vor allem auf illusionistische Darstellungsmittel verzichten und die Details reduzieren.

***Sedona I (Arizona)**, 25 x 34 cm*

Das Rot der Felsen beginnt am späten Nachmittag zu glühen, während die Schatten immer dunkler werden.

Auf der ersten Bildfassung entsteht ein realistischer Eindruck, weil die Felsen durch starkes Helldunkel plastisch wirken und formal deutlich von den Hügeln unterschieden werden können.

***Sedona II**, 25 x 34 cm*

In der zweiten Fassung lösen sich die Schatten weitgehend von den Felsen, und es kommt zu einem allgemeinen Zusammenspiel von dunklen und hell ausgesparten Flecken, die in die graugrüne Fläche des Hügels eingebunden sind. Diese Wirkung erziele ich vor allem dadurch, daß ich die Hügelfläche während des Arbeitens feucht halte, so daß die Farben der Felsen mit ihr verschmelzen können.

***Sedona III**, 25 x 34 cm*

Auf der dritten Fassung ist die zusammenhängende Hügelfläche aufgelöst. Pinselspuren und Farbspritzer verselbständigen sich. Nicht eine erkennbare Landschaft, sondern eine Komposition mit Farbflächen und Linien war Ziel des Gestaltungsprozesses.

„Parallel zur Natur"

Cézanne, der Wegbereiter einer von der perspektivischen Illusion befreiten abstrakten Kunst im 20. Jh., malte vorzugsweise direkt vor dem Motiv. Sein Ziel war aber nicht, ein naturgetreues Abbild der Natur zu schaffen. Er wollte eine Kunst „parallel zur Natur" entwickeln, die Naturwirklichkeit in eine ebenbürtige und autonome Bildgestaltung übersetzen.

Montagne Sainte-Victoire,
Paul Cézanne, 1905, 36 x 54,5 cm
Auf einem Gerüst von Bleistiftlinien setzt Cézanne eigenständige von der Pinselform abgeleitete Farbflecken. Der freie unbemalte Bildgrund gewinnt eine wichtige Funktion. Er ist Wiese, Berg, Himmel und Licht gleichzeitig; der Rhythmus der Farbflecken kann sich auf ihm frei entfalten.

Sonne und Meer – Schritt für Schritt

Eine Situation, in der wir uns immer wieder befinden, wenn wir in der Natur aquarellieren: um uns herum eine Fülle von Sinneseindrücken, eine Fülle von Motiven, eine Fülle von Details.

Um aus der Fülle auszuwählen und zu einer Bildidee zu kommen, hilft eine Kompositionsskizze. Ich entscheide mich für einen kleinen Ausschnitt, in dem sich die Thematik konzentriert: tropische Hitze und brandende Wellen.

Mit der ersten Lavierung in Gelb und Blau erhalte ich den grundlegenden Kalt-Warm-Kontrast von Sonne und Meer. Gleichzeitig ergeben sich lichte grüne Mischtöne, die dem seichten Wasser entsprechen. Im Gelb lasse ich für die Baumstämme im Vordergrund helle Flächen ausgespart, und im Gegenzug deute ich im Hintergrund mit Blau dunkle Äste an.

„Grundrezepte" zum Bildaufbau

Fleckenaufbau nach *Cézanne* (s. S.137): Auf das trockene Aquarellpapier werden Farbflecken gesetzt. Sie können auch übereinandergeschichtet werden, bis kaum noch weißes Papier durchscheint. Bei Körpern, die plastisch ausgearbeitet werden sollen, ist es ratsam, mit den dunkleren Schattenpartien zu beginnen. Diese Methode ist besonders für Anfänger empfehlenswert.

Flächenaufbau nach *Turner* (s. S. 75): Um einer Landschaft eine bestimmte Grundstimmung zu geben, ist es ratsam, mit einer Lavierung zu beginnen. Das Aquarellpapier wird hierbei großflächig mit einem Farbton oder einem Farbakkord grundiert („colour-beginnings" nach Turner). Da hierbei helle Bildstellen von vornherein eingeplant werden müssen, ist diese Methode für Fortgeschrittene geeignet.

In die teilweise noch feuchte Lavierung setze ich mit dunkelblauen und dunkelvioletten Farbtönen die Felsen. Um die hellen Flächen der ausgebleichten Äste zu erhalten, sauge ich mit trockenem Pinsel Farbe auf.

Auf dem vorhergehenden Schritt ist deutlich im linken unteren Bildteil ein Fleck zu erkennen, der feucht geblieben ist. Diesen wasche ich jetzt aus, um eine größere weiße Fläche für die Brandung zu erhalten.

Mit sparsamen Rot- und Blautönen strukturiere ich das Ufergestrüpp. Bei der Verstärkung der Schatten im Vordergrund achte ich sorgfältig darauf, daß die hellen Flächen ausgespart bleiben. Schließlich helle ich den von oben in das Bild hereinragenden Ast durch Auswaschen auf, um ihn in den Hintergrund einzubinden.
Die Ausblühungen der Naß-in-Naß-Technik vermitteln den Eindruck von üppiger Ufervegetation und Gischt.

Punta Uva I,
30 x 39 cm

In einer zweiten Version wird ein größerer Ausschnitt gewählt, um das flimmernde Blätterdach, das aus kleineren Flecken aufgebaut wird (Methode „Cézanne"), in die Komposition einzubeziehen.

Punta Uva II,
30 x 39 cm

Felsenküsten mit „glücklichen Zufällen"

***Korallenriff auf Malapacao**, 30 x 40 cm*
Die winzige Insel Malapacao im philippinischen Bacuit-Archipel ist ein ideales Refugium, um ungestört malen zu können. Dort, wo sich Felsen und Meer treffen, kann der Erosionsprozeß beobachtet werden: abgestürztes Gestein, ausgewaschene Hohlkehlen, Zusammenhalt und Zerfall, Anschwemmen und Wegbrechen. Damit beschäftigt sich die Aquarellserie „Malapacao": Farblachen breiten sich aus, werden mit dem Pinsel weitergezogen und abgetupft, das Papier wird benetzt, mit Sand abgedeckt und ausgewaschen. Fortlaufend muß auf Zufälle reagiert werden. Der Malprozeß wird zu einem Kommunikationsprozeß zwischen Künstler, Bild und Motiv, der sich kaum in einzelne Schritte auflösen läßt.

Aleatorik

Ein Beispiel, wie der Zufall die Bildgestaltung beeinflussen kann: Ich aquarelliere auf dem Sandstrand von Malapacao. Ein Hund steigt aus dem Wasser, interessiert sich für mein Bild und schüttelt sich trocken. Dabei spritzt nasser Sand auf das Aquarell, das ich – noch im Zweifel, ob es sich um einen Unglücksfall oder einen glücklichen Zufall handelt – beiseite lege und beobachte. Nachdem die Farbflächen getrocknet sind, spüle ich vorsichtig den vom Meerwasser salzigen Sand ab. Unter dem Sand werden helle Flächen ausgewaschen, weil dort die Farbe feucht geblieben war. Wo einzelne Sandkörner lagen, entstehen feinste Strukturen.
Schon mehrfach sprachen wir von den Zufällen, die durch den „Eigensinn" des Wassers hervorgerufen werden. Meist sind es Ausblühungen, Spritzer oder Rinnsale, welche die mit dem Pinsel gesetzten Flächen begleiten. Das eine Mal stören sie, ein anderes Mal führen sie zu verblüffend schönen Ergebnissen. Diese „glücklichen Zufälle" lassen sich bis zu einem gewissen Grad bewußt hervorrufen und steuern. In der Fachsprache nennt man dies Aleatorik.

Die Sandmethode, die mir der Zufall in Gestalt eines Hundes in die Hand spielte, nutze ich als aleatorische Technik, um auf Bildern von felsigen Küsten die krustenartigen Oberflächen zu gestalten.

Ausschnitt von „Malapacao, 18. März"

***Malapacao, 18. März**, 40 x 30 cm*

***Malapacao, 17. März**, 30 x 40 cm*

Granulation

Einige Pigmente wie Cölinblau, Ultramarin, Umbra natur, Umbra gebrannt und Lichter Ocker, besonders aber Ultramarinviolett haben die Eigenschaft zu granulieren; sie flocken aus, wenn sie sehr wäßrig aufgetragen werden. Wir haben damit eine weitere aleatorische Technik, um strukturierte Flächen, wie z. B. rauhe Felsen oder Korallenriffe, darzustellen. Die Granulation ist nicht genau kalkulierbar: Wie stark eine Farbe granuliert, ist zunächst vom Fabrikat abhängig; manche Farben granulieren, wenn sie über eine noch nasse Lavierung gelegt werden, manche in Mischungen mit anderen Pigmenten. In der Praxis bleibt nichts anderes übrig, als nach dem Prinzip von Versuch und Irrtum vorzugehen.

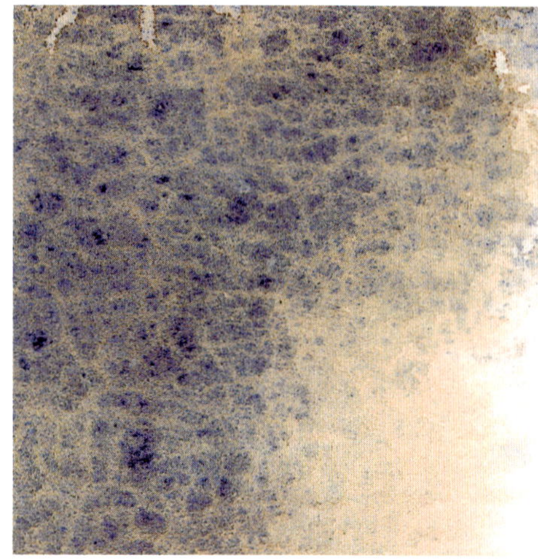

Mischungen mit Ultramarinviolett granulieren besonders gut. Auf der grobkörnigen Oberfläche des kaltgepreßten Aquarellpapiers wird die Granulierung durch die kleinen Vertiefungen verstärkt, in denen sich Pigmente sammeln.

Malapacao, 7. März,
30 x 40 cm
Um die unterschiedlichen Oberflächenstrukturen zu unterscheiden, wurde für die Felsen die Granulationstechnik, für den Sandstrand mit Korallenriff dagegen die Auswaschtechnik angewendet.

Felsenküste von Cozumel,
drei Ansichten, jeweils 34 x 24 cm

Die Klippen der mexikanischen Karibikinsel Cozumel sind vom Salzwasser derart scharfkantig zerfressen, daß es unmöglich ist, sie barfuß zu betreten.
Die aleatorische Auswaschtechnik gibt den Zersetzungsprozeß der Klippen wieder; mit grauen bis ins Schwarz geschichteten Farbflecken werden die facettenreichen Schatten der durchlöcherten Felsen dargestellt.

Wasser mit Wasserfarben darstellen

Flüchtiges festhalten

Was liegt näher, als Wasser mit dem Medium Wasser darzustellen. Das Aquarell ist eine ideale Technik für Spiegelungen, Lichtreflexe und Wellenbewegungen von Flüssen und Seen. Flüchtiges auf ein Blatt Papier zu bannen, ist jedoch nicht ganz einfach. Es gelingt am besten, wenn eine Balance von Kalkül und Aleatorik (Planung und Zufall) eingehalten wird.

Einen eher praktischen Grund für meine persönliche Vorliebe, Wasser als Motiv zu wählen, möchte ich nicht verschweigen: Am Bach malend, habe ich Wasser im Überfluß, einen Luxus, den ich schätze. Denn der Ort, an dem ich mich auf das Aquarellieren einlasse, bestimmt für mich die Technik: Sandabdeckungen etwa am Strand oder „naß in naß“ am Bach.

Wie kann ich das transparente Wasser, die leicht verschwommenen Konturen der Steine im Bach und als Kontrast dazu die klaren Lichtreflexe in ein Aquarell übersetzen? Mit welchen Farben mische ich den warmen Olivton?

Ein Ausschnitt der Farbproben zu den Arbia-Aquarellen zeigt neben einigen gemischten Farbtönen die Basispalette (von oben nach unten): Cölinblau, Gummigutt neu, Scharlachlack, Ultramarin französisch und (rechts unten) Lichter Ocker. Mit diesen fünf Farben wurden die Farbtöne des Bachs wie auch die tiefen Schatten des gegenüberliegenden Ufers gemischt.

Die dunkleren Farbtöne für den Schattenbereich werden vorwiegend auf der Palette gemischt, die Farbtöne des Wassers entstehen dagegen in unterschiedlichen Lasurschichten mit dem „Petit Gris“, dem französischen Verwaschpinsel, direkt auf dem Aquarell.

Die cölinblaue Grundierung wird nach unten hin im Bereich des helleren Bachbetts wäßriger.

Im nächsten Schritt wird mit Gummigutt über die hellblaue Grundierung lasiert und dabei genügend Fläche für die Spiegelung des Himmels ausgespart. Farbspritzer über den ausgesparten Stellen sehen den Sträuchern, die sich silhouettenhaft auf der Wasseroberfläche spiegeln, verblüffend ähnlich.

Im flachen Bachbett fließt das Wasser ruhig. Kaum sichtbare Wellen kreuzen die Spiegelungen. An den entsprechenden Stellen werden mit trockenem Pinsel Farbbahnen aufgesaugt.

In weiteren Schritten werden auf trockenen Grund die Schatten der Steine und des Ufers gesetzt und über einige Stellen des Wassers Lasuren gelegt.

***Die Arbia im Chianti**, 30 x 39 cm*
In der zweiten Fassung hat das Aquarell durch die Staffelung der dunklen Flächen im oberen Teil und durch die feinen ausgewaschenen Wellenstreifen mehr Bildtiefe gewonnen.

Auf der ruhigen Oberfläche des Flusses spiegeln sich Uferböschung, Pappeln und der helle, diesige Herbsthimmel.

***Herbstlicher Fluß**, jeweils 38 x 57 cm*

Beide Aquarelle wurden am selben Standort gemalt, unterscheiden sich aber in ihrem Abstraktionsgrad und ihrer Komposition. Der Malprozeß folgt bei beiden demselben Prinzip: Die Uferböschung besteht aus mehreren durch Auswaschen teilweise wieder freigelegten Farbschichten. Die Pappeln und ihre Spiegelungen sind vorwiegend in der Spritztechnik ausgeführt.
Kurz vor dem vollständigen Auftrocknen wurde der Fluß mit klarem Wasser laviert. Dabei floß absichtlich Farbe aus der Böschung in den Fluß, und einige Streifen, der im Fluß gespiegelten Pappeln, blieben erhalten. Rechts von der Böschung, wo sich der helle Himmel spiegelt, wurde die Farbe mit dem Schwamm abgetupft. Schließlich wurde der direkt über dem Wasser liegende Uferstreifen mit dunklen Farben verstärkt.

Gebirgsbach,
jeweils 34 x 24 cm

Die Wassermassen suchen sich ihren Weg zwischen mächtigen Felsbrocken, sie zwängen sich durch Spalten und stürzen in Kaskaden zu Tal. Das Gestaltungsprinzip dieser Aquarelle folgt der Natur. Das Granitgestein ist auf trockenem Grund gemalt; seine Formen, ob kantig oder rund geschliffen, sind deshalb klar konturiert. Hell-Dunkel-Modellierungen unterstreichen die Körperhaftigkeit. In deutlichem Kontrast dazu ist das rauschende Wasser in Naß-in-Naß-Techniken ausgeführt. Dort, wo das Wasser weiß aufschäumt, wurde ausgespart oder ausgewaschen und aufgesaugt. Im tieferen, türkisgrün schimmernden Bachbett verfließen die Formen der Steine auf nasser Grundierung. Durch das seitlich über die Felsen rieselnde Malwasser granulieren die Ockerpigmente.

Tropisches Gehölz – Blick für die Vielfalt

Das Aquarell beginnt mit einem blau-gelben Grundakkord. Dort, wo sich das Gehölz auflockert und der Himmel durchscheint, wird mit sehr hellem Cölinblau laviert und dort, wo es sich verdichtet, mit Kadmiumgelb.

Cabuya, ein dicht mit Bäumen bewachsener Strand in Costa Rica, beeindruckt durch die Gleichzeitigkeit unterschiedlicher Vegetationsphasen. Zwischen kahlen Ästen der Trockenzeit und herbstlich gefärbten Blättern treibt frisches Grün, brechen Blütenknospen auf. Im Vordergrund der Bildgestaltung steht deshalb der Kontrast von Verdichtung und Auflösung, begleitet von dem Kontrast heller sonnenbeschienener Äste und tiefer Schatten im Blattwerk.

Anfänger vergessen in ihrer Maleuphorie leicht, sich vor der Sonne zu schützen. Schatten können allerdings störend sein, wenn sie wie hier von einem lockeren Blätterdach auf das Aquarell fallen. Am Baumstamm hängt ein Campingwassersack, der als Wasserreservoir unterwegs sehr praktisch ist.

Die bunte Fülle tropischer Farbnuancen würde durch wiederholtes Mischen auf der Palette an Leuchtkraft einbüßen. Deshalb werden in einem langen Prozeß, der immer wieder Trockenpausen erfordert, kleinflächige Lasurschichten aufgetragen. Damit wird eine intensive Licht- und Schattenwirkung erreicht.

Farben für großflächige Lasuren werden in Schälchen angerührt, für kleinere Flächen werden Näpfchenfarben verwendet.

Im nächsten Schritt entsteht mit der karminroten Lasur ein Primärfarben-Dreiklang. Über die bereits getrocknete blaue Grundierung wird aus der roten Fläche ein Geflecht von Ästchen gezogen. Um tropische Hitze zu vermitteln, sind die Rottöne kräftiger gewählt als sie in Wirklichkeit sind.

Die gelbe Grundierung ist noch feucht und vermischt sich teilweise mit dem Karmin zu einem warmen Orangeton. Dabei kommt es zu beabsichtigten Naß-in-Naß-Effekten mit vegetativer Struktur. Die hellen Äste – wichtige Gestaltungselemente dieses Aquarells – werden mit trockenem Pinsel aus der roten Fläche gesaugt.

In dieser Phase werden in das Blattgewirr deutlich erkennbare Äste und Baumstämme eingearbeitet. Durch Verstärkung des Körperschattens ist der waagerecht von rechts ins Bild hereinführende und nach links in helle Äste auslaufende Stamm besser zu erkennen.

***Cabuya**, 30 x 39 cm*
Im letzten Schritt werden die Schatten im Unterholz verstärkt. Der Baumstumpf im Vordergrund wird dagegen durch Auswaschen aufgehellt; er war als Kompositionsschwerpunkt gedacht, geriet aber zu dominant. Statt dessen erhält der untere Bildteil bläuliche Schatten.

Kiefern – Der Blick für das Wesentliche

Wendland, *Doppelbild, 52 x 70 cm*

Eine Heidelandschaft mit Kiefern ist Ausgangsmotiv für eine Aquarellserie, in der schließlich nur noch Baumstämme und Äste im Mittelpunkt der künstlerischen Fragestellung stehen:
Wie lassen sich die Kiefern mit ihrer rauhen Borke und den abgestorbenen Ästen ohne Umweg über langwieriges Schichten und Strukturieren in ein Aquarell übersetzen?
Wieder einmal kam der Zufall zu Hilfe. Beim Ausschlagen des Pinsels spritzt etwas Wasser über das Aquarell. Die Farbe der Baumstämme läuft in die Wasserspritzer und „verwandelt" sie dadurch in die bei Kiefern charakteristischen abgestorbenen Ästchen im unteren Bereich des Stammes. Nach dieser Beobachtung folgt eine systematische Untersuchung dieser Spritztechnik.

Kiefern I, *38 x 28 cm*

Gespritztes Aquarell
Mit dem satt mit Farbe gefüllten Pinsel – kaum die Oberfläche des Papiers berührend – werden unterschiedlich starke Baumstämme gespritzt. Wenn danach mit einem feineren Pinsel klares Wasser quer über das Papier gespritzt wird, entstehen kleine Ästchen und Borkenstrukturen. Anschließend wird bis auf eine Baumgruppe das Blatt mit klarem Wasser verwaschen.
Das Beispiel mag einfacher klingen, als es in Wirklichkeit ist. Es bedarf einiger Vorübungen auf einem Probeblatt, um Richtung und Stärke der gespritzten Farbe einigermaßen kontrollieren zu können (macht aber Spaß!).

Die ursprüngliche Heidelandschaft im Wendland beeindruckt durch die weiten Flächen in hellen braunvioletten Farbtönen, zu denen vereinzelte oder in Wäldchen gruppierte Kiefern einen graphischen Kontrast bilden.

Aquarell in drei Zügen

1. Malen Sie mit einem dicken Pinsel einen Baumstamm im Vordergrund als Farbdepot (Englischrot).

2. Spritzen Sie mit klarem Wasser kleinere Baumstämme und quer dazu Äste.

3. Lavieren Sie bis zur Horizontlinie mit klarem Wasser und streifen Sie dabei den „Depot-Stamm" leicht.

Beobachten Sie jetzt, wie Farbe in die lavierte Wasserfläche, den „Waldboden" läuft und von dort weiter hoch in die Bäume am Horizont.

Je nach „Geschmack" können Sie weitere Farben zugeben: z. B. Umbra natur und Lichter Ocker, um Baumstamm und Waldboden zu betonen.

***Kiefern II**, 38 x 28 cm*

Hamburger Hafen – Technik mit verschiedenen Techniken darstellen

Themenwechsel: Im Hamburger Hafen ist von der idyllischen Natur der bisher behandelten Themen nichts mehr übrig; „natürlich“ ist nicht einmal das Wasser im Hafenbecken und der dunstige Himmel. Wir befinden uns in einer vollkommen künstlichen „Landschaft“, die jedoch, je länger wir uns mit ihr beschäftigen, ihre ganz eigene Romantik entwickelt. Beeindruckend ist die reiche Palette an Rostfarben und Grautönen und die graphische Vielfalt der technischen Formen. Auf den drei Bildbeispielen werden unterschiedliche technische Möglichkeiten demonstriert, wie Drähte, Räder, Seile, Winden, Masten, Takelage usw. aus Aquarellfarben „hergestellt“ werden können.

***Kaiser-Wilhelm-Hafen**, 35 x 50 cm*

Aus einem kleinen Farbfleck links oben läuft bei steil gehaltenem Zeichenbrett – im wörtlichen Sinne – Farbe als Seil zum Haken hinunter. Das Geländer rechts wurde mit dem Pinselstiel gezeichnet.

◀ Das Hafenbecken ist wie eine klassische Landschaft aufgebaut und in die Tiefe gestaffelt. Die weiten hellen Flächen von Wasser, Himmel und Kai stehen in Kontrast zu den kompakten Flächen der mittleren Bildzone und den linearen Strukturen der Schiffsaufbauten.
Für die vielen Rostnuancen wird Englischrot, Siena gebrannt und Lichter Ocker verwendet; Mischungen von Ultramarinblau mit diesen Farben ergeben Grautöne und Schattenfarben. Neben gemalten und gespritzen Linien sind als feine dunkle Schweißnähte am Schiffsrumpf rechts und an der gegenüberliegenden Werft Linien mit dem Pinselstiel eingedrückt.

***Am Vulkankai**, 35 x 50 cm*
Auf dieser Komposition ist die illusionistische Tiefenwirkung aufgegeben; die Bildgestaltung konzentriert sich jetzt ganz auf den Kontrast von Farbflächen und Linien.

***Containerhafen**, 35 x 50 cm*
Das Geflecht von vielen gespritzten Linien wird durch nachträglich eingesetzte Flächen im Sinne des Motivs interpretiert. Die riesige Kran-Konstruktion mit den Stahlmasten zum Verladen der Container erinnert an einen Wald. Dieser Eindruck wird durch Hell-Dunkel-Abstufungen einschließlich partieller Auswaschungen verstärkt.

Architekturaquarelle – Wohltuende Disziplin

Viele schrecken vor einem Architekturmotiv zurück, weil sie sofort an komplizierte linearperspektivische Konstruktionen denken. Gebäude brauchen aber auf einem Bild nicht mit dem Lineal konstruiert werden; gewisse Grundkenntnisse von Horizont und Fluchtlinien genügen (S. 123). Wie Sie beim Vergleich der unterschiedlichen Stadtansichten von Venedig feststellen können (S. 11–17), kann auf Linearperspektive auch ganz verzichtet werden. Ob realistisch gemalt oder nicht, Architekturbilder haben ein gemeinsames Gestaltungsprinzip: Sie sind – wie ihre Motive selbst – auf einem Grundgerüst von klaren geometrischen Formen aufgebaut. In der Aquarelltechnik, die zu ausuferndem Fließen neigt, führt dieses Prinzip zu wohltuender Strenge in der Komposition.

***Monterosso**, 34 x 24 cm*
Die spielerischen Flecken, die den leicht verwitterten Putz nachahmen, werden in einer klar gesetzten Wandfläche „festgehalten".
Schatten – von Anfängern oft übersehen – sind ein einfaches Gestaltungsmittel, um die Raumillusion zu betonen. Durch den starken Hell-Dunkel-Kontrast schaffen sie hier zusätzlich eine südliche Atmosphäre. Sie wurden mit Ultramarin über vollkommen trockenen Grund lasiert.

***Lévanto**, 22 x 27 cm*
Hier sind es „Schattenspiele" von Sträuchern, die in das strenge Grundgerüst der Mauern eingebunden werden.

***Dachterrasse in Loutron**, 32 x 21 cm*
Hier sind, wie bei den meisten Architekturaquarellen, die hell ausgesparten Negativ-Formen der Gebäude zu beachten. Die filigranen Dachaufbauten werden von der Architekur „festgehalten".

Um sich in dem Gewirr von perspektivischen Linien zurechtzufinden, sind bei Architekturmotiven Vorstudien im Skizzenbuch sehr hilfreich.

***Rethymnon**, 32 x 21 cm*
Die kubischen Häuser auf Kreta mit ihrem ausgewaschenen Putz fordern zu immer neu verschachtelten Ansichten heraus. Klare Flächen – rechteckig oder trapezförmig wegen der perspektivischen Verkürzung – „disziplinieren" die Komposition.

__Cefalù__, 30 x 30 cm
Beim Aquarellieren hatte ich einen erhöhten Standort auf einem Platz mit Blick in eine zum Hafen hinunterführende Gasse. Die Konturen der Häuser und die Linien der Fensterbrüstungen sind in diesem Fall nicht linearperspektivisch konstruiert, sondern direkt mit dem Pinsel zum Horizont hin zusammenlaufend gesetzt. Trotz leichter Abweichungen von einer streng konstruierten Linearperspektive entsteht eine Illusion von Tiefe.

Um die Linearperspektive zu verdeutlichen, wurde nachträglich eine Skizze mit eingezeichneten Fluchtlinien angefertigt. Dabei stellt sich heraus, daß tatsächlich alle Linien bis auf die der rechten oberen Dachkante genau zu einem Fluchtpunkt (F) führen (Hinweise zur linearperspektivischen Konstruktion auf S. 123).

Auf diesen Kompositionsskizzen zum „Mozartsteg" erkennen Sie, daß auch eine offene Architekur wie z. B. diese Bogenbrücke linearperspektivisch konstruiert werden kann, wenn sie in einen imaginären Quader eingezeichnet wird.

***Mozartsteg in Salzburg**, 24 x 34 cm*
Beispiel für Verkürzung: Die Brückenbogen, die in Wirklichkeit alle von gleicher Höhe und Breite sind, werden bei perspektivischer Darstellung zur Bildtiefe hin kleiner. Beachten Sie, daß sich nicht nur die Höhe, sondern auch die Breite der Bogen verringert („verkürzt").

***Salzburger Bahnhofsbrücke**, 40 x 56 cm*
Beispiel für Untersicht: Da die Brücke über dem Horizont des Malers liegt, ist ihre Unterseite sichtbar, und sie fluchtet zum Horizont „hinunter".

Architektur – Nähe und Ferne

Alte Türe auf Simi, *25 x 35 cm*
Die Tür mit ihren linear begrenzten und zum Teil ausgesparten Flächen muß genau geplant werden. Die Mauer mit ihren verwitterten Farbschichten bietet dagegen ein ideales Experimentierfeld für unterschiedliche Techniken, die Aquarellfarben aufzutragen und wieder abzutupfen.

Nahsicht

Neben der klassischen Ansicht von Architektur aus mittlerer Distanz wirkt die Nahsicht auf den ersten Blick unspektakulär. Sie hält jedoch viele malerische Überraschungen bereit: abblätternder Putz, moosbewachsene Mauern oder versteckte Mauerritzen. Die perspektivische Konstruktion kann dabei vernachlässigt werden, während die Komposition in der Bildebene an Bedeutung gewinnt.

Fachwerk, *25 x 35 cm*
Experiment und Konstruktion: Um gerade verlaufende Linien für das Fachwerk in der hinteren Ebene zu bekommen, experimentierte ich mit einem an die Wand gehefteten Probeblatt, auf dem Farbtropfen vom oberen Rand in schmalen Farbbändern senkrecht nach unten liefen. Die drei Balken in der vorderen Bildebene wurden dagegen als genau berechnete Kompositionselemente gemalt.

Fernsicht

In der Fernsicht verschmelzen Architektur und Landschaft miteinander. Die entsprechenden Gestaltungsprinzipien sind auf Gottfried Salzmanns Aquarell gut zu erkennen. Lavierung und Auswaschung binden die Architektur in den Hintergrund ein, wodurch eine luftperspektivische Wirkung erzielt wird. Die Linearperspektive spielt dagegen, wie auch bei der Nahsicht, kaum eine Rolle. Nur die Verjüngung des Flußlaufs zieht den Blick in die Tiefe. Die Farbgebung faßt die einzelnen Bildelemente zusammen. Die für die Bildwirkung wichtigen Kontraste bleiben trotzdem erhalten: Geradlinig begrenzte Flächen (Salzmann trägt die Farbe oft mit Hilfe von Lineal und Zeichenfeder auf) stehen neben fleckig ausgefransten, und gleichmäßig aufgetragene Farbe steht neben aleatorisch strukturierter.

***Rouen-Sotteville**, Gottfried Salzmann, 1985, 29,8 x 47,2 cm*
Salzmanns virtuose Beherrschung verschiedener Aquarelltechniken ist hier gut zu erkennen. Für die qualmenden Industrieschlote verwendet er Deckweiß. Dann laviert er – einige Lücken im Himmel aussparend – über die obere Bildhälfte. Das Deckweiß läuft jetzt zu einem dunstigen Schleier aus, und die Landschaft im Hintergrund verschwimmt unter der Lavierung.

Stilleben

Während sich Berge und Täler nicht versetzen lassen, können die einzelnen Objekte eines Stillebens nach Belieben zu einer Komposition arrangiert und unabhängig vom Wetter in aller Ruhe im Atelier gemalt werden.
Es überrascht nicht, daß diese Eigenschaften vor allem der zeitaufwendigeren Technik der Ölmalerei entgegenkommen. Eines der frühesten Beispiele ist Caravaggios Früchtekorb von 1600. Daran anschließend entstanden im 17. Jh. vor allem in Holland Stilleben, die bis in feinste Details ausgearbeitet wurden. Die bevorzugten Gegenstände, die alle zum Greifen realistisch abgebildet wurden, waren Gläser, Pokale, Instrumente, Blumen, Obst und Gemüse.
Als Aquarell gewinnt das Stilleben im 20. Jh. an Bedeutung. Cézanne verläßt den Anspruch naturgetreuen Abbildens und leitet die abstrakten Formexperimente ein. Hier sind vor allem die Arbeiten von Giorgio Morandi und Julius Bissier hervorzuheben.

***Natura morta**, Giorgio Morandi, 1959, 27 x 37 cm*

Wenn Sie mit einem Passepartout den Bildausschnitt festlegen, können Sie sich ganz Ihrem Motiv widmen, ohne von der Umgebung abgelenkt zu werden. Hinter dem Rahmen lassen sich Krüge und Gläser wie Kulissen auf einer Bühne zu einer Komposition verschieben, die dann direkt auf ein entsprechendes Bildformat übertragen werden kann.

Die schraffierten Flächen, die zwischen den Gefäßen als Negativformen stehen bleiben, sind für die Wirkung einer Komposition genauso wichtig wie die Gefäße selbst.
Sehr gut ist die Wechselwirkung zwischen Positiv- und Negativ-Formen auf dem Stilleben von Giorgio Morandi zu beobachten. Indem er die Leere aquarelliert, konzentriert er seine „Natura morta" auf das Wesentliche.

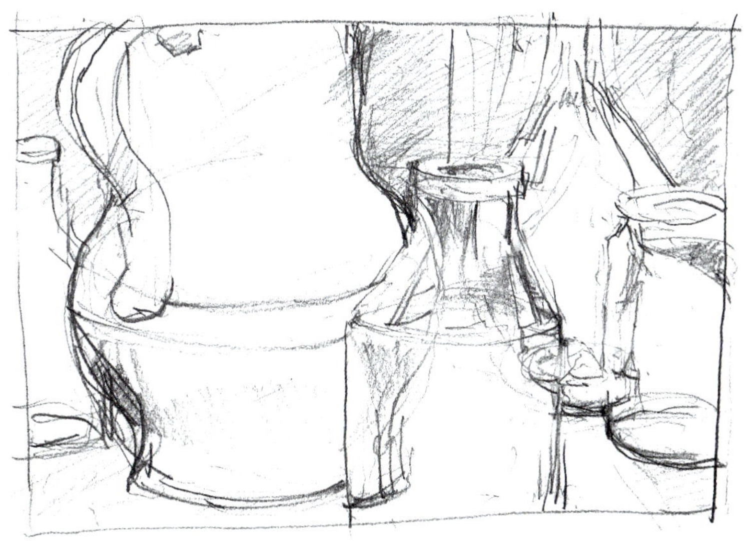

Wenn Sie ein Gefäß realistisch darstellen wollen, müssen Sie die Gesetze der Perspektive berücksichtigen: Die in Wirklichkeit kreisrunde Öffnung des Krugs wird je nach Blickwinkel zu einer Ellipse verformt (die in die Tiefe führende Kreisachse wird verkürzt). Selbstverständlich werden in diesem Beispiel auch die Kreisformen der aufglasierten braunen Linien in derselben Weise verändert.
Wenn der Krug über Ihrer Horizontlinie liegt, wölbt sich die vordere sichtbare Ellipsenseite nach oben.

Krug mit Zweigen in vier Schritten

Die Grundform wird mit Kadmiumgelb dunkel angelegt. Hierbei ist besonders auf die Aussparung der Glanzlichter zu achten.

In einem zweiten Schritt werden Schatten und Tischkanten lasiert. Dazu werden reines Ultramarinviolett und graue Mischtöne mit der Komplementärfarbe Kadmiumgelb verwendet.

Durch das Kobalttürkis im Hintergrund wird der Krug als helle ausgesparte Negativ-Form hervorgehoben.

Schließlich werden mit Ultramarinviolett einige Schattenpartien und der Hintergrund noch stärker abgedunkelt.

Krug – Aufbau und Umgestaltung

Alternativ zum letzten Beispiel wird hier mit den Schattenpartien begonnen und dann mit einem einheitlichen Lokalton (der Farbe des Kruges) darüberlasiert. Durch diese Reihenfolge des Farbauftrags werden die Schatten besser in das Bild integriert.
Im weiteren Verlauf der Arbeit (S. 164) „entgleist" die Form des Kruges. Deshalb wird korrigierend eingegriffen und dabei demonstriert, wie ausnahmsweise auch mit der Aquarelltechnik eine vollkommene „Verwandlung" eines Bildes möglich ist. Am Ende steht eine Lösung, die sich weit vom Ausgangsmotiv entfernt hat.

Der Hintergrund wird mit Ultramarin abgedunkelt und die Standfläche und deren Reflexe auf der Glasur des Kruges mit Karminrot ergänzt.

Nach einer längeren Betrachtungspause stelle ich fest, daß sich der Umriß des Kruges verändert hat, und korrigiere ihn mit einem radikal dicken Farbauftrag; den Henkel übermale ich ganz. Dabei ziehe ich die Farbe teilweise in den Krug hinein, damit er nicht wie ausgeschnitten vor dem Hintergrund stehen bleibt.

Allmählich verschwindet alles bis auf die Blumen im oberen Bereich unter einem satten dunkelvioletten Mischton aus Umbra, Karmin und Ultramarin.

Schließlich nehme ich die dicke Farbsoße vorsichtig mit dem Schwamm ab und male einen neuen Henkel. Jetzt ist das „duftige" Aquarell nur noch bei den Blumen im oberen Bereich erhalten; darunter taucht der Krug wie aus einem Nebelschleier wieder auf.

Glasgefäß – Gemaltes Licht

Glas mit transparenten Aquarellfarben zu malen, scheint einleuchtend. Tatsächlich stellt sich bei lasierend übereinandergelegten Farbflächen wie von selbst der Eindruck von bunten Glasscherben ein. Glasgefäße besitzen jedoch zusätzlich zu ihrer Transparenz ein Volumen. Dadurch wird ihre Darstellung schwieriger, aber auch spannender. Anders als bei den weicheren Körperschatten stoßen hier sehr helle Flächen unmittelbar an sehr dunkle, die als schmale Streifen meist an den Konturen der Gefäße sitzen. Beachten Sie, daß nicht nur auf dem Glas selbst, sondern auch auf dem Schlagschatten Lichtreflexe zu sehen sind.

Zunächst werden Lichtreflexe und Schatten am Gefäß und auf die Standfläche gemalt.

Danach wird der Hintergrund in eine dunkle und eine helle Zone geteilt. Der Schlagschatten wird ausgewaschen, um die Lichtreflexe zu verstärken.

Im dritten Schritt werden die dunklen Ränder auf das Gefäß gesetzt.

Zuletzt wird der Hintergrund mit Wischspuren des Naturschwamms strukturiert.

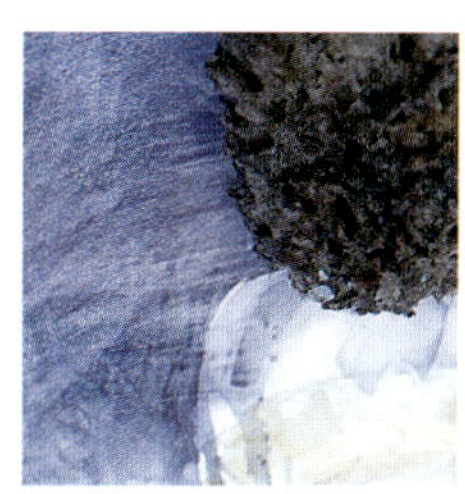

Karaffe und Einmachglas mit Lichtbrechungen

In der ersten Grundierung mit Kobaltblau werden die hellen Stellen der Gefäße und die Tischplatte ausgespart. Schmale Glanzlichter werden zusätzlich mit einem starken Fließpapier abgetupft.

Wenn Sie auf ein Glasgefäß blicken, verändert sich der durchscheinende Hintergrund mit der geringsten Kopfbewegung. Deshalb ist es während des Aquarellierens vorteilhaft, einen Blickwinkel wie hier auf dem Foto festzulegen. Durch die Wölbung des Glases kommt es zu überraschenden Brechungen: Im Bauch der Karaffe ist der blaue Hintergrund zu sehen, darüber ein Stück der Tischplatte.

Hier sind die für Glasgefäße typischen schmalen dunklen Streifen an den Gefäßrändern ergänzt.

Zuviel Farbe auf dem rechten Gefäß wird mit einem kleinen Japanpinsel aufgesaugt.

Die Tischplatte wird mit Siena gebrannt und Kobaltviolett gemalt. Danach werden mit einem schmalen Flachpinsel Farbbahnen als Lichtreflexe ausgewaschen.

Der Hintergrund mit dem starken Kobaltblau und dem Braun „übertönt" die Gefäße und wird deshalb durch Auswaschen etwas zurückgenommen.

Damit das Glas leichter wirkt, werden als Kontrast die Schatten auf der Tischplatte verstärkt. Beachten Sie, daß sich die Stiele der vertrockneten Rosen im Wasser brechen.

Beispiele aus einem Aquarellkurs
Diese Stilleben mit Gläsern sind in einem einwöchigen Kurs entstanden. Daß sie sich in ihrer Farbgebung sehr ähnlich sind, liegt daran, daß alle an demselben Tisch mit den entsprechend aufgebauten Gefäßen entstanden sind. Technik und Komposition zeigen jedoch einen großen Spielraum individueller Lösungen. Sie stammen von Kursteilnehmern, die sich bereits an Ausstellungen beteiligt haben. Die Titel, die nachträglich erfunden wurden, sollen die Aquarelle kurz charakterisieren.

*„**Glasig**", Wolfgang Eichenbrenner, 34 x 23 cm*
Diese Komposition, die sich in der unteren Bildhälfte durch viele Naß-in-Naß-Effekte ins Abstrakte auflöst, wirkt sehr „glasig".

*„**Zerbrochen**", Wolfgang Eichenbrenner, 28 x 39 cm*
Hier wird durch das Motiv des zerbrochenen Glases von Anfang an der Abstraktionsprozeß (die Auflösung des Gegenständlichen) unterstützt.

*„**Voluminös**", Sigrid Dechant, 23 x 26 cm*
Wohldurchdachte Anschnitte und Überschneidungen bestimmen die Komposition. Zugunsten einer eindeutigen Darstellung von Körper und Raum wurde auf Zufallseffekte verzichtet.

*„**Transparent**", Isa Tillmann, 21 x 31 cm*
Sehr klar sind hier gleichzeitig Volumen und Transparenz mit vielfältigen Reflexen dargestellt.

*„**Gelöst**", Klaus Reiser, 11 x 16 cm*
Diese zügig gemalte Aquarellskizze wirkt trotz des einfachen Aufbaus sehr lebendig.

*„**Exzentrisch**", Erika Molfenter, 20,5 x 27 cm*
Hier entsteht die Spannung durch folgende Kontraste: einzelnes Gefäß – Gruppe, senkrecht betonte Formen – Querformat, Umkehrung der Farbperspektive (Blau vorn und Braun hinten).

*„**Gefüllt**", Brigitte Sitar, 21 x 22 cm*
Die etwas melancholisch wirkende Farbgebung bekommt Witz durch die frech gesetzten Glanzlichter und den Flaschenverschluß.

*„**Feststehend**", Inge Schöllhammer, 26 x 23 cm*
Diese mit drei Gefäßen klassisch aufgebaute Komposition zeigt deutlich den Unterschied von glasierter Oberfläche und durchsichtigem Glas. Wichtig für die Gesamtwirkung sind die bei Glasgefäßen typischen dunklen Akzente.

Schwertlilien – Schritt für Schritt aus Farbflecken

Die durch Auswaschen zufällig entstandene Licht-Schatten-Modulation wurde im Sinne des Motivs mit dunklem Violett ausgearbeitet. Für Stiele und Hintergrund wurden sehr wäßrige und mit Ocker gedämpfte Grüntöne verwendet, damit keine Konkurrenz zu den leuchtenden Blüten entsteht.

Auch in einem Garten sind wir genauso wie in der freien Landschaft von vielen Sinneseindrücken umgeben, die beim Aquarellieren ablenken können. Deshalb ist es ratsam, sich zunächst auf einen Ausschnitt, wie er z. B. auf dem hier abgebildeten Foto zu sehen ist, zu beschränken.
Betrachten wir die Blüten der Schwertlilie mit unserem „Aquarellblick", verwandeln sie sich zu unterschiedlich geformten violettblauen Farbflecken („blots"). Bevor Sie mit dem Pinsel diese Flecken auf das Papier setzen, sollten Sie den Aufbau einer Blüte mit dem Zeichenstift studieren, damit sich Fleck und gesehene Form im Aquarell zusammenfügen.

Samtcharakter und Duft
Zwei unterschiedliche Techniken, die den samtigen Charakter der Blütenblätter wiedergeben: Die Blüte links ist im Zentrum aus mehreren Farbschichten aufgebaut, während an den Blütenrändern die zarte Transparenz erhalten bleibt.

Im Beispiel rechts läuft dunkle Farbe in die feuchten Flächen der Blütenblätter. Vielleicht erinnern Sie die weichen Farbflächen an den süßlichen Duft der Schwertlilien.

Abwechselnd mit Pinselbauch und -spitze gemalt, entstehen über einer Vorzeichnung weiche Flecken.

Feucht gebliebene Stellen werden ausgewaschen, um mehr Licht zu erhalten. Die Äderchen der Blütenblätter werden mit trockenem Pinsel gemalt.

Dunkle Pinselflecken bringen mehr Schatten. Abdrücke eines spitz auslaufenden Rundpinsels gleichen den Knospen.

Die verwendeten Ausgangsfarben Ultramarin französisch, Ultramarinviolett, Kadmiumgelb hell, Karminrot und Mischproben.

***Schwertlilie**, 31 x 21,5 cm*
Mit mehreren Schichten kleiner Farbflächen werden Blüten und Hintergrund etwas naturgetreuer ausgearbeitet.

Rosen und Hortensien – Von der Skizze zum Bild

Bevor Sie mit einem Bild beginnen, ist es vorteilhaft, im Skizzenbuch die Bildidee zu entwickeln, die Komposition zu studieren und die Formen einiger wichtiger Details festzuhalten, wie z. B. den Aufbau der unterschiedlichen Blütenformen. Die zweite Möglichkeit der Vorbereitung ist die Vorzeichnung direkt auf dem Aquarellpapier. Diese sollte so angelegt sein, daß sie dem Aquarell nicht mit allzu vielen Details im Wege steht. Deuten Sie deshalb in groben Zügen die Komposition an, und werden Sie nur an heiklen Stellen etwas genauer.

Beim Ausarbeiten mit Farbe sollten Vorzeichnung und Aquarell ihre eigenen ästhetischen Reize bewahren. Setzen Sie deshalb die Farbe souverän auf die Zeichnung, und malen Sie die vorgezeichneten Flächen nicht einfach aus; mit den unterschiedlichen Nuancen und Hell-Dunkel-Werten der Aquarellfarben kann der Schwerpunkt verschoben und die Komposition verbessert werden. Verstecken Sie aber die Vorzeichnung auch nicht unter unnötig vielen Farbschichten, da sich oft zu Flächen und Flecken reizvolle graphische Kontraste ergeben.

***Vase mit Rosen**, 35 x 27 cm*

Hier sind die unterschiedlichsten Beziehungen von Vorzeichnung und Aquarell zu erkennen. Die gezeichneten Blütenblätter sind mehr oder weniger genau mit Farbe ausgefüllt. Einige sind überhaupt nicht bei der Farbgebung berücksichtigt, über andere ist mit einem Farbton zusammenfassend lasiert – deutlich bei der karminvioletten rechten Blüte zu sehen. Außerdem sind einige Blütenblätter und Schatten unabhängig von der Zeichnung ergänzt.

Aufblühen und Verwelken
Diese vier Stadien einer Rosenblüte demonstrieren die große Formenvielfalt der Blütenblätter: Durch perspektivische Verkürzung scheinen viele oval, von den senkrecht zur Bildebene stehenden sind nur noch schmale Streifen zu sehen, und die eingerollten Blätter der verblühenden Rose bilden kantige Umrisse (auf der Bleistiftskizze wurde dies genauer studiert). Die einzelnen Flächen werden in der Regel durch helle ausgesparte Streifen oder Schatten voneinander getrennt.

Rosen im Garten, *32 x 50 cm*
Im Garten sind die Rosen in einen Hintergrund eingebunden, der ein deutliches Spiel von Licht und Schatten zeigt; dies wird teils durch Aussparen, teils durch Auswaschen erreicht. Statt des leuchtenden Blattgrüns werden gelbliche und grauviolette Farbtöne eingesetzt, um das leuchtende Rot der Rosen zur Geltung zu bringen und gleichzeitig die melancholische Stimmung des Verwelkens zu erzeugen.

Zum Vergleich zeigt dieses Aquarell keine Blüten im botanischen Sinne, sondern „Aquarellblüten". Sie entwickeln sich vollkommen frei aus dem Farbfleck heraus. Aber auch hierbei sollte meines Erachtens ein skizzierendes Erfassen des Gesehenen vorausgehen.

Bei der Vorbereitung des Aquarells mit dem Hortensienstrauß auf einer Doppelseite im Skizzenbuch ergeben sich drei wichtige Aspekte:

1. Beim genauen Betrachten entdecke ich den quadratischen „Bauplan" der vier herzförmigen Blütenblätter, deren Spitzen genau in die vier Ecken eines Quadrats eingepaßt sind. Das hat zur Folge, daß sich die einzelnen Blüten nach dem Prinzip eines Quadrats perspektivisch verkürzen lassen und die vier Blütenblätter in immer schmaler werdende Rautenformen eingepaßt werden können.

2. Der Abdruck eines runden Naturschwamms ergibt eine Struktur, die an eine verwelkte Hortensiendolde erinnert.

3. In einer Kompositionsskizze wird der kreuzförmig angeordnete Hortensienstrauß mit dem Krug in ein Querformat eingespannt.

***Hortensienstrauß**, 26 x 34 cm*

Bei der Ausführung im Aquarell wird mehr Wert auf die ganzen Dolden als auf die einzelnen Blüten gelegt. Auf der rechten Dolde scheint noch das quadratische Blütennetz der Vorzeichnung durch. Die blauvioletten Farbtöne der Hortensien sollen das Bild beherrschen; deshalb werden für Vase, Blätter und Hintergrund nur Ocker und Braun in verschiedenen Helligkeitsstufen verwendet. Um die kreuzförmige Komposition zu betonen, wurde auf die Standfläche, wie sie auf der Skizze angedeutet ist, verzichtet.

Blumensträuße – Behandlung des Hintergrunds

Anders als bei den Stilleben mit Gefäßen haben wir hier nur einen einzigen Gegenstand in das Format einzupassen, allerdings einen sehr komplexen. Für die Bildkomposition müssen wir uns deshalb sehr gut überlegen, wie die Blumenvase plaziert werden soll: Rücken wir sie etwas aus dem Zentrum, damit die Komposition Spannung erhält, soll nur der Blumenstrauß zur Geltung kommen und die Vase stark angeschnitten sein, ist ein Hoch- oder Querformat günstiger?
Wesentlich zur Komposition trägt auch das Blumenarrangement bei. Eine allzu gleichmäßige Anordnung würde langweilig wirken. Deshalb sollten große und kleine Blüten kombiniert und die Abstände variiert werden.
Eine weitere Vorüberlegung betrifft das von Anfängern oft vernachlässigte Hintergrundsproblem, dem bei den folgenden Beispielen besondere Beachtung geschenkt werden soll.

***Blumenstrauß mit Hortensien**, 34 x 24 cm*
Zuerst entsteht der Strauß, nachträglich der dunkle Hintergrund. Dieser wird nicht einfach um das bestehende Motiv herumgemalt; die Hintergrundfarbe wird teilweise in das Motiv hineingezogen, und umgekehrt bleiben im dunklen Grund helle Blüten ausgespart.

***Tulpen**, 45 x 60 cm*
Hier sind die zwei grundsätzlichen Möglichkeiten, nämlich dunkles Motiv vor hellerem Grund und helles Motiv vor dunklerem Grund, kombiniert. Beachten Sie, daß der helle Grund links nicht als einheitliche Grundierung angelegt ist. Nicht nur die Vase wurde ausgespart, sondern auch andere Flächen, besonders unter den karminroten Blüten, um helle Glanzlichter zu erhalten.

***Sommerblumen**, 34 x 24 cm*
Damit die ganze Komposition durch eine warme spätsommerliche Stimmung zusammengehalten wird, liegt eine helle Ockerlavierung zugrunde. Darauf sind Blüten und Vase ausgearbeitet, stellenweise auch naß in naß. Mit Ultramarinblau werden vor allem im Inneren des Straußes die Schatten gemalt. Die Vase erhält durch den leichten Schlagschatten gleichzeitig eine Standfläche. Wie auf diesem Beispiel kann ein grundierter Hintergrund nachträglich überarbeitet werden, damit Motiv und Grund besser miteinander verwoben sind.

Heller Hintergrund

Hier wurden die Blumen direkt auf das weiße trockene Papier gesetzt: zuerst die zarten Farben, dann die kräftigen und zuletzt die dunklen Schatten. Auf dem Aquarell „Rosenstrauß I" ist dies

Rosenstrauß I,
35 x 49 cm

noch gut zu erkennen. Hier sind nur die äußeren Blüten links und rechts oben leicht ausgewaschen, um mit den hauchzarten „duftigen" Farbtönen eine auf den ersten Blick kaum wahrnehmbare Verbindung zum weißen Grund zu schaffen. Auf eine weitere realistische Ausarbeitung wurde verzichtet. Der Rhythmus der Pinselschrift bleibt so auf dem weißen Grund erhalten – eine klassische Technik des Aquarellierens.

Das Aquarell „Rosenstrauß II" wird mit weiteren Farbschichten überarbeitet, und der Hintergrund erhält nachträglich einen hellgrauen Farbton mit ausgesparten Flächen, auf denen weiße Blüten dargestellt werden können.

Rosenstrauß II*, 34 x 24 cm*

Dunkler Hintergrund

Bei diesem Herbststrauß ist die klassische Aquarelltechnik (direkt mit dem Pinsel „positiv" gesetzte Farbflächen) vollständig umgekehrt. Alle Blüten sind „negative", also hell ausgesparte oder ausgewaschene Formen vor dunklem Grund. Gerade weil gegen die Regeln klassischer Technik verstoßen wird, erhalten wir ein „zauberhaftes" Aquarell, das mit seinen leuchtenden Blüten an Glasmalerei erinnert.

Herbststrauß,
34 x 24 cm

Tropische Blüten – Leuchtkraft ungemischter Farben

Tropische Blüten führen zu einer für manchen Aquarellisten bedenklichen Technik: zur Verwendung vieler „Fertigfarben“, weil die Leuchtkraft vor allem in den Rotnuancen durch Mischen nicht zu erreichen ist.

***Heliconiablüten** in drei Arbeitsphasen von links nach rechts:*
1. Satt aufgetragene Pinselzeichnung der Blüten in ungemischten Rotnuancen (Karmin, Krapplack, Kadmiumrot).
2. Schatten und Hintergrund mit Kobaltblau auf teilweise wieder ausgewaschener Pinselzeichnung.
3. Hell-Dunkel-Kontrast mit Komplementärmischung (Karmin/Phthalogrün).

Tropischer Blumenstrauß,
39 x 30 cm
Bei diesem Aquarell wird am Schluß das Kobaltblau teilweise ausgewaschen und dann mit rotorangenen Lasurtönen übermalt, so daß komplementäre Schattenmischungen entstehen.

Der Aufbau einer Ingwerblüte in drei Schritten mit ungemischten Farben: Winsor-Gelb, Karmin, Purpurlack, Ultramarin französich. Violett- und Grüntöne werden nicht auf der Palette gemischt, sondern entstehen mit Hilfe der Naß-in-Naß-Technik direkt auf dem Papier.

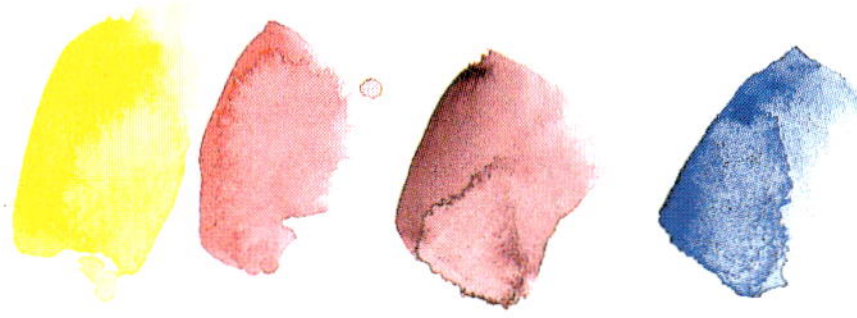

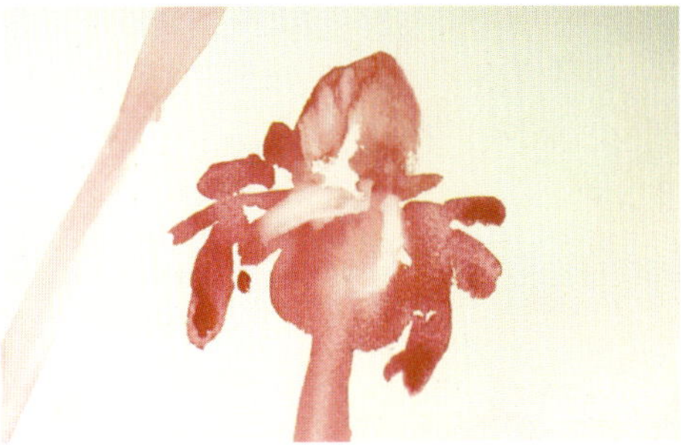

Ingwerstaude, *39 x 30 cm*
Für die Blüten wurden verschiedene ungemischte Rot- und Violettnuancen verwendet, für die verwelkende Blüte in der Mitte zusätzlich Indischgelb und Orange. Die in der Natur blaugrünen Stengel und Blätter sind in komplementären Graumischungen gehalten, um die Leuchtkraft der Blüten zu steigern.

Bildnis und Akt

In der römischen Kunst spielte das Bildnis (Porträt) bei der Ahnenverehrung und im Kaiserkult eine große Rolle. Die zahlreich erhaltenen Porträtbüsten beeindrucken durch sachlich-realistische Darstellung der individuellen Gesichtszüge, und die spätantiken Mumienbildnisse sind die ältesten erhaltenen Beispiele der Bildnismalerei. Danach geht in der christlichen Kunst das Interesse am Bildnis verloren; es entsteht erst wieder mit der „Humanisierung" der Kunst im späten Mittelalter und in der Renaissance (14./15. Jh.). Das Bedürfnis nach naturgetreuer Darstellung führte am Ende des 19. Jh. schließlich zur Porträtfotografie, während in der Malerei der naturalistische Anspruch weitgehend aufgegeben wurde. Im Expressionimus wurde mit gesteigerter Farbigkeit dem Gesicht ein bestimmter Ausdruck verliehen. Besonders Emil Nolde malte neben Landschaften viele Aquarellbildnisse, deren Leuchtkraft an bunte Glasfenster erinnert.

Das Geschrei des Eichelhähers,
Maria Lassnig, 1982, 65,4 x 47,9 cm

Das Aquarell rechts oben ist ohne Vorzeichnung direkt aus transparenten Farbflächen aufgebaut; dagegen wurde in diesem Beispiel eine Bleistiftzeichnung mit Aquarellfarbe überarbeitet, um die häkelnden Hände in den Mittelpunkt der Bildaussage zu stellen (die Aquarellfarbe wurde aus Pigmenten und Gummiarabikum selbst hergestellt).

***Alwine**, 37 x 27 cm*

Trotz aller Tendenzen zur Abstraktion hat sich bis heute die Darstellung des Menschen behauptet. Allerdings spielt dabei das Bildnis eine untergeordnete Rolle. Eine Ausnahme bildet Maria Lassnigs Werk, das fast ausschließlich aus Selbstporträts besteht. In der Absicht, „Body awareness" (engl.: Körperbewußtheit) darzustellen, knüpft sie an die Tradition des Expressionismus an. Zu ihren Bildern, unter denen sich auch viele Aquarelle befinden, bemerkt sie: „Was als Deformation der Realität erscheint, ist keine, weil die Realität auf einer anderen Ebene, der Gefühlsebene, stattfindet."

Skulpturen und Bilder vom nackten Menschen (in der Kunst in der Regel als Akt bezeichnet) existieren im Gegensatz zum Bildnis in nahezu allen Kulturen und von den Anfängen der bildenden Kunst bis heute. Höhepunkte realistischer Aktdarstellung finden wir in der griechischen Antike und der italienischen Renaissance.
Zeichnungen und Aquarelle nach einem Aktmodell dienen oft als Vorbereitung für Ölgemälde oder Skulpturen; sie können aber auch völlig eigenständig sein, wie z. B. Dürers wissenschaftlich nüchterne Aktstudie des eigenen Körpers (Tusche und Wasserfarbe, um 1508).
In der modernen Kunst ist die künstlerische Zielsetzung des Aktes sehr unterschiedlich. So zeigen z. B. die expressionistischen Aquarelle Egon Schieles um 1910 eine ekstatische Erotik, die für manchen Betrachter an Pornographie grenzt; Aquarelle von Jürgen Brodwolf dagegen, die nicht nach einem Modell gemalt sind und Titel wie „Schattenblatt“, „Totenblatt“ oder „Wunde“ tragen (um 1985), betonen die Verletzlichkeit und Vergänglichkeit des Körpers.

Bei diesem auf saugfähigem Japanpapier gemalten Aquarell nehmen wir zunächst die Leuchtkraft der Farben und die großflächige Komposition wahr; diese wirkt durch den ungewöhnlichen Bildausschnitt und die Naß-in-Naß-Technik sehr lebendig, fast wie zufällig. Bei genauem Betrachten erkennen wir eine zweite, auf getrocknetem Grund gemalte, kompakte Farbschicht für Details, wie Staubgefäße, Haare usw., und wir nehmen helle Graunuancen wahr, durch welche die Weißaussparungen gut in das Bild integriert werden und das Kostüm des Pierrot und die Lilien körperhaft wirken.

***Pierrot und weiße Lilien**, Emil Nolde,*
45,5 x 34,8 cm

Die drei Schritt-für-Schritt-Beispiele auf dieser Doppelseite zeigen den Unterschied von kolorierendem und eigenständigem Farbauftrag über einer Vorzeichnung. Dabei wurde eine einheitliche Palette verwendet: Kobaltblau, Lichter Ocker, Venezianischrot und Grüne Erde.

In diesem Beispiel wird mit den hellen Stellen begonnen, die aus der noch feuchten zartgrünen Lavierung herausgetupft werden.

Hier werden in Umkehrung zum ersten Beispiel zunächst grüne Schatten gemalt, über die dann mit Venezianischrot und Ocker lasiert wird.

Während die beiden Beispiele oben vorwiegend koloriert sind, ist hier der Farbauftrag eigenständig.

Ein intensives Aktstudium sollte die figürliche Malerei (die Darstellung des Menschen) begleiten.

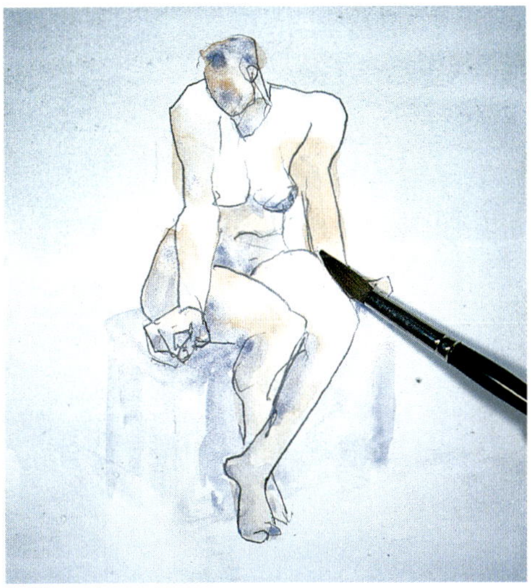

Glossar

Aleatorik
(„gesteuerter" Zufall, lateinisch alea: Würfel, Glücksspiel)
Technik in der Malerei, die zufällige Effekte nutzt. Wassertropfen bilden z. B. auf einer noch feuchten Lavierung Formen mit ausgefransten Rändern, die als Büsche oder Flechten gedeutet werden können.

Backruns
(englisch: Rückflüsse)
Zufällige Strukturen, die entstehen, wenn Farbe in eine feuchte Fläche zurückfließt.

Chiaroscuro
(italienisch: Helldunkel)
Starke Kontrastwirkung in der Malerei durch Licht und Schatten.

Gouache
Wasserfarbe, mit der wegen der Beimischung von Füllstoffen (u.a. Marmormehl) deckend gemalt werden kann.

Gummiarabikum
Wasserlösliches Bindemittel der Aquarellfarben. Die beste Qualität wird aus der Rinde sudanesischer Akazienarten gewonnen.

Granulation
Einige Pigmente (z. B. Ultramarin) haben die Tendenz auszufällen oder auszuflocken, wobei fein strukturierte Flächen entstehen. Ebenso entsteht eine feingesprenkelte Oberfläche, wenn sich Pigmentkörnchen in den Vertiefungen des Papiers sammeln.

Kolorieren
Im Gegensatz zu frei gesetzten Farbflächen orientiert sich der Farbauftrag stark an einer Zeichnung.

Komplementärfarben
Farbenpaare, die im Farbenkreis oder -sechseck auf einer diametralen Achse liegen. Sie können zu einem neutralen Grau oder Schwarz gemischt werden.

Lasieren
Auftragen einer dünnen transparenten Farbschicht, wodurch Mischtöne erzielt werden können. Eine gelbe Lasur auf Blau ergibt z. B. einen grünen Farbton.

Lavieren (Verwaschen)
1. Bei einer Federzeichnung die zusätzliche Tönung mit nassem Pinsel; in der Regel, um eine Licht- und Schattenwirkung zu erzielen.
2. Beim Aquarell das Anlegen großflächiger, ruhig verlaufender Farbflächen. Mit klarem Wasser kann eine stufenlose Aufhellung oder mit einer zweiten Farbe ein Farbverlauf erzielt werden. In der Regel wird ein spezieller Verwaschpinsel oder ein Schwämmchen benutzt.

Luftperspektive
Raumillusion durch Farbgebung. Gegenstände in der Ferne erscheinen blasser und bläulicher.

Maskierflüssigkeit
(im Handel z. B. unter der Bezeichnung Fixogum oder Rubbelkrepp)
Gummiartig auftrocknende Flüssigkeit, die durch leichtes Rubbeln von einer Farbschicht oder dem weißen Papiergrund entfernt werden kann. In der Aquarellmalerei besonders für Weißaussparungen geeignet.

Naß in naß
Farbe wird auf einen mit Wasser oder Farbe befeuchteten Malgrund aufgetragen. Dadurch entstehen weiche Formen.

Negativ-Form
Im Gegensatz zur Positiv-Form, die mit dem Pinsel direkt gemalt wird, bleibt die Negativ-Form als „leere" Fläche ausgespart. Sie ist in der Komposition eines Aquarells ein wichtiges Gestaltungselement, da wegen der Transparenz der Farben eine helle Form nicht nachträglich auf einen dunkleren Grund gemalt werden kann.

Primärfarben
Die drei Buntfarben Magenta (neutrales Rot ohne Gelbanteil), Gelb und Cyan (Cölinblau) und Weiß. Diese Farben können nicht durch Mischen erzielt werden. Aus ihnen können alle anderen Farben gemischt werden (z. B. in der Farbfotografie). Da beim Malen dieses Verfahren zu langwierig wäre, werden hier zusätzlich Sekundärfarben und Tertiärfarben verwendet.

Sekundärfarben
Farben, die Anteile von zwei der drei primären Buntfarben enthalten (Orange kann z. B. aus Magenta und Gelb gemischt werden).

Tertiärfarben
Farben, die Anteile aller drei primären Buntfarben enthalten (z. B. Ocker).

Vedute
(italienisch: Aussicht) Genaue Darstellung einer Stadt oder Landschaft.

Verlauf
Stufenlose Farbtonveränderung wie z. B. der allmähliche Wechsel eines blauen Himmels zu einem hellen oder rötlichen Horizontstreifen. In der Aquarellmalerei wird dieser Effekt besonders gut durch Lavieren erzielt.

Kurzbiographie

Cézanne, Paul
(1839–1906)
Cézanne übernahm von den Impressionisten die Freilichtmalerei, und wie diese verbannte er das Schwarz von seiner Palette. In der Entwicklung seines Spätwerks ist die Aquarellmalerei entscheidend. Vor allem seine Aquarellfassungen des Mont Sainte-Victoire sind bekannt geworden. Sie sind aus einzelnen Farbflächen aufgebaut, zwischen denen er „Lichtkristalle" stehen ließ. Er wird mit Recht als „Vater der modernen Malerei" bezeichnet.

Cozens, Alexander
(1717–1786)
Cozens begründete zusammen mit Paul Sandby die englische Schule der Landschaftsmalerei. Erfinder der „Blot"-Methode (englisch: Fleck): Zufällig gesetzte Farbflecken werden durch zusätzliches Ausarbeiten zu Landschaften umgedeutet.

Dürer, Albrecht
(1471–1528)
Von der italienischen Renaissance beeinflußt, hat Dürer die Entwicklung der deutschen Malerei entscheidend geprägt. Mit seinen auf Reisen gemalten Aquarellen beginnt die neuzeitliche Landschaftsmalerei.

Kandinsky, Wassily
(1866–1944)
Der gebürtige Moskauer Kandinsky gilt als einer der ersten abstrakten Maler. 1912 gab er sein Buch „Über das Geistige in der Kunst" heraus, in dem er die Ästhetik der gegenstandslosen Malerei begründete. Anschließend entstand eine bedeutende Serie abstrakter Aquarelle. 1933 emigrierte er aus Deutschland nach Paris.

Klee, Paul
(1879–1940)
Klee war wie Kandinsky Mitglied der Künstlervereinigung „Der Blaue Reiter" und Lehrer am Bauhaus. Viele seiner Aquarelle entstanden parallel zu seinen kunstpädagogischen Schriften. Zitat aus einem Aufsatz von 1918: „Kunst gibt nicht das Sichtbare wieder, sondern macht sichtbar."

Macke, August
(1887–1914)
Im April 1914 fuhr Macke, ein Maler des Expressionismus, mit seinen Malerfreunden Paul Klee und Louis Moillet nach Tunesien. In nur zwei Wochen entstanden 38 Aquarelle von großer Leuchtkraft. Sie strahlen die „Seligkeit der Farben" aus, die Macke suchte. Er fiel im 1. Weltkrieg im Alter von 27 Jahren.

Moldovan, Kurt
(1918–1977)
Einer der bedeutendsten österreichischen Zeichner und Aquarellisten, der auch während der internationalen Entwicklung zur „Art informel" nach 1945 dem Figürlichen und Erzählerischen treu blieb.

Morandi, Giorgio
(1890–1964)
Ab 1920 malte Morandi fast nur noch Stilleben, auf denen er immer wieder dieselben Gefäße abbildete, die er in seinem Atelier in Bologna aufbewahrte. Er gelangte schließlich zu höchst einfachen und trotzdem spannungsreichen Kompositionslösungen, die an Malerei als Meditation in der ostasiatischen Kunst erinnern.

Nolde, Emil
(1867–1956)
Noldes Kompositionen (darunter viele Blumenstilleben und Landschaften) besitzen großzügig angelegte Farbflächen und eine „glühende" Farbigkeit. Sie gehören stilistisch zum Expressionismus. Seine Aquarelle sind meist „naß in naß" begonnen und anschließend „naß auf trocken" ergänzt. Obwohl er der NSDAP beitrat, wurden 1938 seine Gemälde als „entartet" aus deutschen Museen entfernt, und 1941 erhielt er Malverbot. In den folgenden Jahren entstanden viele Aquarelle, die er „Ungemalte Bilder" nannte.

Turner, J. M. William
(1775–1851)
Turners Spätwerk, in dem sich Landschaften in Bewegung und Licht „verflüchtigen", nimmt Tendenzen des späten 19. und frühen 20. Jahrhunderts vorweg. Dabei spielen die transparenten und frei gesetzten Farben seiner Aquarelle, die auf seinen Reisen vor allem in England, Deutschland und Italien entstanden, eine wichtige Rolle.

Literatur

Adriani, G.: Paul Cézanne – Aquarelle. DuMont, Köln 1982.

Bagnall, B. u. U., Hille, A.: Aquarell. Anfangen mit Aquarell. Urania Ravensburger 1992.
– Aquarell. Landschaft bei Wind und Wetter. Urania Ravensburger 1992.
– Aquarell. Häuser in Stadt und Land. Urania Ravensburger 1992.

Bammes, G.: Arbeitsbuch zur Künstleranatomie. Urania Ravensburger 1993.

Doerner, M.: Malmaterial und seine Verwendung im Bilde. Ferdinand Enke Verlag, Stuttgart 1994 (18. Aufl.).

Gekeler, H.: Taschenbuch der Farbe. DuMont, Köln 1991.

Klee, P. (hrsg. mit Transkription und Einleitung von Glaesemer J.): Beiträge zur bildnerischen Formenlehre 1921/22. Basel-Stuttgart 1979.

Koller, O.: Das Aquarell – Malen mit Wasser und Farbe. Callwey Verlag, München 1994.

Koschatzky, W.: Die Kunst des Aquarells. Technik, Geschichte, Meisterwerke. Edition Atlantis, Herrsching 1989.
(Standardwerk zur Geschichte des Aquarells)

Küppers, H.: Das Grundgesetz der Farbenlehre. DuMont, Köln 1991 (6. Auflage).

Layr, G., Panzenberger, K. (Hrsg.): Österreichische Aquarellisten der Gegenwart. Wilhelm Maudrich Verlag, Wien-München-Bern 1984.

Matthaei, R. (Hrsg.): Goethes Farbenlehre. Ravensburger Buchverlag, Ravensburg 1988 (2. Aufl.).

Monahan, P.: Aquarell. Mosaik Verlag, München 1989.

Okamoto, N.: Japanische Tuschmalerei für Einsteiger. Ein Malkurs in Beispielen. Augustus Verlag, Augsburg 1993.

Powell, C.: William Turner in Deutschland. Prestel Verlag, München 1995.

Striegel, O.: Perspektive – reine Ansichtssache. Ravensburger Buchverlag, Ravensburg 1993.

Wang, Yani: Bilder eines chinesischen Kindes. Prestel-Verlag, München 1986.

Weber, B.: Aquarellieren. Techniken, Übungen, Beispiele. Urania Ravensburger 1990.

Zwimpfer, M.: Farbe – Licht, Sehen, Empfinden. Paul Haupt Verlag, Bern und Stuttgart 1985.

Register

Kursiv gesetzte Ziffern verweisen auf Abbildungen.

Bildnachweis

Alexander Cozens: „Gebirgslandschaft", 22,9 x 30,3 cm (S.7). British Museum, London.
Albrecht Dürer: „Wehlsch pirg", 1494, 21 x 31 cm (S.10). Ashmolean Museum, Oxford.
William Turner: „Riva degli Schiavoni", 1840, 24,3 x 30,6 cm (S. 11). Tate Gallery, London.
Kurt Moldovan: „Santa Maria della Salute", 1975, 32 x 47,5 cm (S.12).
Rudolf Hradil: „Schlepper von San Marco", 1983, 38 x 57 cm (S. 13). Privatbesitz.
Kurt Panzenberger: „Nebel am Canale Grande", 1990, 38 x 56 cm (S. 14). Privatbesitz.
Zoran Music: „Nave alle Zattere", 1981, 24,9 x 31,3 cm (S. 15). Privatbesitz.
Hans Köhler: „Chioggia", 1988, 35 x 50 cm (S. 16). Im Besitz des Künstlers.
Heinz Kropf: „Vom Licht verzaubert", 1992, 64 x 50,5 cm (S. 17). Privatbesitz.
Ausschnitt einer Farbkarte der Firma H. Schmincke & Co., (S. 32), Erkrath.
Wassily Kandinsky: „Aquarell mit rotem Fleck", 1913, 48,3 x 63,3 cm (S. 38). Deutsche Bank.
© VG-Bild-Kunst, Bonn 1998.
Wang Yani: „Früchte sind nicht so gut wie Kürbisse", 1984, 130 x 32,5 cm (S. 41). Im Besitz des Autors.
Hans Köhler: „Herbstliches", 1996, 20 x 28 cm (S. 43). Im Besitz des Autors.
Ausschnitt einer Winsor & Newton-Farbkarte, (S. 47). Winsor & Newton Ltd.
William Turner: „Ehrenbreitstein", 1841, 25 x 31,5 cm (S. 51). Tate Gallery, London.
Paul Klee: „Doppelzelt", 1923, 50 x 31 cm (S. 57). Sammlung A. Rosenart, Luzern.
© VG-Bild-Kunst, Bonn 1998.
Hanne Dittrich: „Lichtkreuz III", 1996, 39 x 29 cm (S. 60). Im Besitz des Autors.
Rudolf Hradil: „Piazza del Popolo", 1995, 36 x 48 cm (S. 70). Privatbesitz.
Oskar Koller: „Farbklänge aus Bali", 1992, 37 x 23 cm (S. 71). Privatbesitz.
Louis Le Brocquy: „Bog Landscape", 1989, 18 x 26 cm (S. 81).
Diane Roemer: „Sun Rises", 1995, 21 x 29 cm (S. 105). Im Besitz der Künstlerin.
August Macke: „St. Germain bei Tunis", 1914, 26 x 21 cm (S. 130). Städtische Galerie im Lenbachhaus, München.
Paul Cézanne: „Montagne Sainte-Victoire", 1905, 36 x 54,5 cm (S. 137). The Trustees of the Tate Gallery, London.
Gottfried Salzmann: „Rouen-Sotteville", 1985, 29,8 x 47,2 cm (S. 159). Privatbesitz.
Giorgio Morandi: „Natura morta", 1959, 27 x 37 cm (S. 160). Privatsammlung.
© VG Bild-Kunst, Bonn 1998.
Maria Lassnig: „Das Geschrei des Eichelhähers", 1982, 65,4 x 47,9 cm (S. 182). Graphische Sammlung Albertina, Wien.
Emil Nolde: „Pierrot und weiße Lilien", 1921, 45,5 x 34,8 cm (S. 183). © Nolde-Stiftung Seebüll.

Zitate: Hans Georg Bulla: „Aquarell" (S. 2). Der Schwimmer. Suhrkamp Verlag. 1982.
Otto Breicha (Hrsg.): „Kurt Moldovan" (S. 12). Verlag Galerie Welz. Salzburg. 1980.

Nicht alle Inhaber von Bildrechten konnten ermittelt werden; sie werden gebeten, eventuelle Ansprüche geltend zu machen.

Fotografien und Repros:
Druckerei Kurt Bangert (S. 175), Susanne Bühler (S. 116 oben), Christine Gastner (S. 28, 29, 31 Mitte, 36, 37, 39 unten, 85 oben links und Mitte, 94, 95, 126 oben, 161 oben, 162–169), Johannes Gloss (S. 54), Andreas Lang (S. 53, 141 oben), Andreas Lobe (S. 16, 40, 41 rechts, 46, 50, 52 unten, 60, 63, 75, 86 oben links, 87 oben rechts, 89 oben rechts, 91, 92 links, 97, 105 unten, 107, 111, 113 unten, 114 unten, 121 unten, 125, 131 oben, 132–134, 143 rechts, 146, 150–153, 158, 173, 176 unten), Inge Schöllhammer (S. 112 oben, 114 oben), Atelier Schumann (S. 109 unten, 118 unten, 131 unten), alle anderen vom Autor.

Alle Aquarelle ohne Namensnennung sind vom Autor. Ausnahmen: Sigrid Dechant (S. 79 oben, 82), Christa Fluhrer (S. 77, 79 unten), Heide Lohrmann (S. 78 Mitte), Susanne Sieber-Böhler (S. 78 oben).

Über den Autor

Guntram Funk:
1941 in Stuttgart geboren
1968-72 Studium an der Staatlichen Akademie der Bildenden Künste in Stuttgart
1970 Studienaufenthalt in Japan
1975 Dozent für Kunsterziehung an der Pädagogischen Hochschule Reutlingen und seit 1985 an der Pädagogischen Hochschule Heidelberg.
Einzelausstellungen und Ausstellungsbeteiligungen in Blaubeuren, Bretten, Esslingen, Heidelberg, Kirchheim u. T., Lasko (Slowenien), Mornant (Frankreich), Pliezhausen, Rastatt, Reutlingen und Stuttgart.